ZEITSCHRIFT FÜR ANGEWANDTE GEOLOGIE

HERAUSGEGEBEN VOM
ZENTRALEN GEOLOGISCHEN INSTITUT
IM AUFTRAG DES
STAATSSEKRETARIATS FÜR GEOLOGIE

AUS DEM INHALT

AKADEMIE-VERLAG · BERLIN

BAND 18 / HEFT 3
MÄRZ 1972
SEITE 97–144
PREIS: 6,— M
Sonderpreis DDR: 2,— M

	INHALT	СОДЕРЖАНИЕ	CONTENTS	
KUSCHKA, E.	Über Ergebnisse einer Neubearbeitung hydrothermaler Gangmineralisationen des Erzgebirges, Granulitgebirges und Vogtlandes	Предварительное сообщение о результатах новой обработки гидротермальных жильных минерализаций Рудных гор, Гранулитных гор и Фогтланда	Preliminary Communication of Results of a Reconsideration of Hydrothermal Vein Mineralizations of the Erzgebirge, Granulite Mountains, and Vogtland	97
MIRLIN, G. A.	Der neue Fünfjahrplan der UdSSR — ein Programm grandioser Arbeiten	Новый пятилетний план — программа великих работ	The New Five-Year Plan of the U.S.S.R. — a Programme of Grandiose Works	108
NOWEL, W.	Neue Erkenntnisse über endogentektonische Lagerungsstörungen im Niederlausitzer Braunkohlenrevier	Новые данные о эндогенно-тектонических нарушениях залегания в Нижне-Лужицком буроугольном бассейне	New Knowledge of the Endogenic-Tectonic Bedding Disturbances in the Brown Coal District of Lower Lusatia	114
ODESSKI, I. A., & A. I. AJNEMER	Die harmonische Analyse sedimentärer Folgen zur Ermittlung der Periodizität der Sedimentation	Гармонический анализ осадочных толщ с целью выявления периодичности осадконакопления	The Harmonic Analysis of Sedimentary Suites for Determining the Periodicity of Sedimentation	117
MAKSIMOW, G. I.	Die Wiederverwendung von Erdöl-Erdgas-Bohrungen bei hydrogeologischen Erkundungsarbeiten auf industriell verwertbare Wässer	Вторичное использование нефтяных и газовых скважин при гидрогеологических работах на термальные и промышленные воды	The Re-Use of Oil and Gas Bore Holes in Hydrogeological Exploratory Works for Thermal and Industrial Waters	123
Autorenkollektiv	VIII. Welterdölkongreß in Moskau 13.—19. 6. 1971 — Informationsbericht (Fortsetzung)	VIII Всемирный конгресс нефтяников в Москве с 13 по 19 июня 1971 года. Информационный отчет (продолжение)	VIIIth World Petroleum Congress, Moscow, June 13—19, 1971, Information Report (Continued)	124
KACZYŃSKI, R., & L. WYSOKIŃSKI	Der Einfluß von Diskontinuitäten verschiedener Neigung auf die Festigkeitseigenschaften einiger bindiger Lockergesteine	Влияние прерывности различного уклона на свойства прочности некоторых связных рыхлых пород	Influence of Discontinuities of Different Inclination on the Strength Properties of Some Cohesive Soils	129
CHRT, J., & F. WOLLER	Die hydrogeochemische Prospektion — eine neue Suchmethode nach Fluorit im Böhmischen Massiv (Referat K.-H. BERNSTEIN)	Гидрогеохимическая проспекция — новый метод поиска флюорита на Богемском массиве (Реферат К. Г. БЕРНСТАЙНА)	The Hydrogeochemical Prospection — a New Technique of Prospecting for Fluorite in the Bohemian Massif (Abstracted by K.-H. BERNSTEIN)	132
DMITRIJEW, L. W., W. L. BARSUKOW & G. B. UDINZJEW	Die Riftzonen des Ozeans und das Problem der Erzbildung (Referat W. BEYER)	Рифтовые зоны океана и проблема рудообразования (Реферат В. БАЙЕРА)	The Rift Zones of the Ocean and the Problem of Ore Formation (Abstracted by W. BEYER)	133
MAGALOWSKI, G.	Ermittlung von Winkel- und Gefällewerten aus Kolonnenprofilen	Определение величин угла и наклона пластов по геологическим колонкам	Determination of Angle and Inclination Values from Columnar Sections	135
SCHRÖN, W., & G. TISCHENDORF	Bemerkungen zur Interpretation von Germaniumgehalten in Lagerstättenparagenesen	Замечания по интерпретации содержания германия в парагенезисах месторождений	Observations on the Interpretation of Germanium Contents in Deposit Parageneses	137

Die ZEITSCHRIFT FÜR ANGEWANDTE GEOLOGIE berichtet ständig über folgende Arbeitsgebiete: Geologische Grundlagenforschung und Lagerstättenforschung / Methodik der geologischen Erkundung / Ökonomie und Planung der geologischen Erkundung / Technik der geologischen Erkundung / Geologie und Lagerstättenkunde im Ausland. In der Zeitschrift können alle strittigen Fragen der praktischen Geologie behandelt werden. Die Autoren übernehmen für ihre Aufsätze die übliche Verantwortung.

ZEITSCHRIFT FÜR ANGEWANDTE GEOLOGIE

Träger der Ehrennadel in Gold
der Gesellschaft
für Deutsch-Sowjetische Freundschaft

BAND 18 · MÄRZ 1972 · HEFT 3

Über Ergebnisse einer Neubearbeitung hydrothermaler Gangmineralisationen des Erzgebirges, Granulitgebirges und Vogtlandes

EWALD KUSCHKA, Flöha

(Vorläufige Mitteilung Nr. 314 aus dem VEB Geologische Forschung und Erkundung Halle, Betriebsteil Freiberg)

1. Einleitung

Mit Erscheinen der grundlegenden Arbeiten BAUMANNs (1958, 1965, 1967, 1968) erreichte die mehr als hundertjährige Bearbeitung erzgebirgischer hydrothermaler Mineralparagenesen einen gewissen Höhepunkt. Das von BAUMANN (1968) vorgelegte System der Mineralisationsfolgen des Erzgebirges umfaßt im wesentlichen alle im genannten Gebiet auftretenden Paragenesen hydrothermaler Abkunft und ist ein in sich geschlossenes Modell. In Weiterentwicklung der bis auf WERNER (1791) zurückgehenden, im wesentlichen aber auf MÜLLER (1901) und OELSNER (1952a) fußenden Systematik gelangte BAUMANN (1968) zu einer Einteilung der Mineralisation nach metallogenetischem Prinzip und einer Benennung nach teils metallerzbetontem Aspekt, teils lokal-bergmännischen Traditionen.

Im Ergebnis mehrjähriger Bearbeitung im wesentlichen „metallerz"freier Mineralgänge im Rahmen der Schwer- und Flußspaterkundung sowie der Prognose tauchten nun immer wieder Schwierigkeiten der Zuordnung der Paragenesen in das obengenannte System und Widersprüche zu bisherigen Auffassungen auf. Auch Untersuchungen anderer Geologenkreise (z. B. DYMKOW 1960, LÖTZSCH 1968) führten zu ähnlichen Problemen. Besonders problematisch blieb vor allem die Zuordnung der Quarz–Hämatit-Paragenesen (CHRT, BOLDUAN u. a. 1966, 1968), der Fluorit–Paradoxit—Quarz („FPQ")-Paragenesen und der sogenannten „tauben", d. h. erzfreien, Gänge. Die Ursachen dieser Schwierigkeiten liegen nicht zuletzt an der bisherigen einseitigen Betrachtungsweise der hydrothermalen Gänge, indem die Erze, d. h. die Trägerminerale gewinnbarer Metalle, zu sehr in den Mittelpunkt der Untersuchungen gestellt wurden. Den „Gangarten" dagegen, die doch eigentlich die Hauptmasse der Mineralisation ausmachen, wurde zu wenig Aufmerksamkeit geschenkt. Mit der vorliegenden und einer weiteren vorläufigen Mitteilung werden in Kurzfassungen die wichtigsten Ergebnisse einer detaillierten Bearbeitung hydrothermaler Gangmineralisationen des Erzgebirges, des Granulitgebirges und des Vogtlands vorgelegt und zur Diskussion gestellt.

Während in dem vorliegenden Beitrag die Resultate der Neubearbeitung der Paragenesen vorgestellt werden, beschäftigt sich der zweite Artikel mit deren Verbreitung und den damit im Zusammenhang stehenden minerogenetischen Problemen. In einer in Vorbereitung befindlichen Publikation soll über das Gesamtthema zusammenhängend und ausführlicher berichtet werden.

Die Untersuchungen erstreckten sich auf etwa 107 Mineralganggebiete des genannten Bereiches und erbrachten neues umfangreiches Faktenmaterial. Die eingehendste Bearbeitung erfuhren die Quarz–Hämatit-, die Quarz–Fluorit–Adular- und die Baryt–Fluorit-Paragenesen, während die Quarz-Sulfide-, die Karbonat-Sulfide- bzw. die Sulfantimonide- und die BiCoNi-Arsenide-Paragenesen nur übersichtsmäßig und hinsichtlich ihrer Abgrenzung von den vorgenannten Mineralisationen bearbeitet wurden. Diese Arbeiten führten zu neuen Erkenntnissen bezüglich Zusammensetzung, Sukzession, Genese und flächenhafter Verteilung der hydrothermalen Mineralgangfüllungen. Die Ergebnisse können Lagerstättenprognosen verschiedener mineralischer Rohstoffe neue Gesichtspunkte bieten. Nicht untersucht bzw. nur übersichtsmäßig behandelt wurden die primären Dispersionshöfe, Nebengesteinsveränderungen sowie die Produkte der Zementations- und Oxydationszone.

2. Bemerkungen zur Arbeitsmethodik

Als Untersuchungsmaterial dienten neben Gangaufschlüssen Lesesteine, Haldenproben und Belegstücke verschiedener Sammlungen. Die Bearbeitung der Proben erfolgte nach der konventionellen visuellen Analyse der Paragenesen, hauptsächlich im makroskopischen Bereich. Durch Auflösen in gleichzeitig und nacheinander gebildete Mineralabsätze wurde die relative Altersfolge und damit der Bildungsablauf rekonstruiert. Dies geschah unter Beachtung aller wesentlichen Mineralmerkmale, wie Kristallform, -tracht, -habitus, -farbe, gegenseitiger Verwachsungen, Strukturen und Texturen. Als wichtigste Kriterien für die relative Altersfolge dienten genetische Gefügeeigenschaften, wie z. B. Überwachsungstexturen, Verdrängungsstrukturen und tektonische Merkmale (Trumdurchschlagungen, Brek-

Eingang des Manuskripts in der Redaktion: 20. 8. 1971.

zisierung). Im Verlaufe der Arbeiten ließen sich auch zuordnungskritische Erscheinungen herausarbeiten, wie Leitparagenesen, Leitmineralassoziationen, Leitminerale in ihren typischen Formen und Variabilitätsspannen. Hierüber wurde bereits kurz an anderer Stelle berichtet (KUSCHKA 1970).

Die zahlreichen Ergebnisse der Einzeluntersuchungen des Probenmaterials wurden miteinander verglichen und das Gesamtmodell des Bildungsablaufs erarbeitet. Die Vergleichsarbeit erstreckte sich zunächst auf Proben eines Ganges, dann auf das Gangsystem und schließlich auf die Summe der Gangnetze. Maßgebend für die Zuordnung waren Übereinstimmungen der Gesamtentwicklung, der Paragenesen und ihre Aufeinanderfolge unter Berücksichtigung der lokalen Unterschiede.

Bereits bei der Paragenesenanalyse der Proben hat sich die Einführung symbolischer Abkürzungen der Mineralnamen bzw. der Sammelbegriffe für bestimmte Mineralgruppen (z. B. Sulfide, Karbonate) bewährt. Diese Abkürzungen wurden von einem Geologenkollektiv in internationaler Zusammenarbeit im Rahmen des RGW entwickelt. Mitarbeiter des VEB Geologische Forschung und Erkundung Halle, Betriebsteil Freiberg, nahmen bedarfsentsprechende Ergänzungen vor. Die Vorteile der Arbeit mit diesen Symbolen liegen in ihrer Kürze, Übersichtlichkeit und Griffigkeit, in der Ermöglichung einer formelhaften Ausdrucksform der Paragenesen und Abscheidungsfolgen. Verf. hat diese Symbole auch für die Benennung der Mineralsukzessionen angewendet (vgl. folgende Abschnitte und Abb. 1 und 2).

3. Nomenklatur und Klassifikation

Der für den Freiberger Raum zugeschnittenen und später von BAUMANN (1968) auf das ganze Erzgebirge ausgedehnten Nomenklatur der Gangmineralisationen (vgl. Abb. 1, obere Spalte) kann hier aus folgenden Gründen nicht gefolgt werden:

1. Die im osterzgebirgischen Raum traditionell verwurzelten Bezeichnungen der einzelnen Mineralvergesellschaftungen beziehen sich zu stark auf lokale Ausbildungsformen und sind nicht, wie angestrebt, großräumig anwendbar. Eine Begriffsübertragung auf das gesamte Erzgebirge wird vom Verf. deshalb als nicht zulässig angesehen. (Von Bearbeitern der Mineralparagenesen des Harzes und Thüringens wurden stets andere Begriffe verwendet.)

2. Für vorliegende Bearbeitung soll eine konsequent nach minerogenetischem Prinzip vorgenommene Nomenklatur angewendet werden. Bezeichnungen nach ökonomischen Aspekten (nach dem Rohstoff, den „Erzen" usw.) sind nur bei der Betrachtung der Mineralgänge als ökonomische Kategorie im Rahmen von Prognosen, Such- und Erkundungsarbeiten anzuwenden, nicht bei minerogenetischen Arbeiten.

3. Im Ergebnis der hier dargelegten Untersuchungen wurden einige Paragenesen neu bzw. umfassender beschrieben und müßten ins Mineralabfolgenschema BAUMANNS (1968) aufgenommen bzw. anders zugeordnet werden. Einige Umgruppierungen würden sich besonders auf der Ebene der Abfolgen notwendig machen.

Da gerade die erzfreien Fluorit und Baryt führenden Paragenesen im Mineralabfolgenschema BAUMANNS teilweise nicht die richtige („flq"!) oder noch gar keine Stellung einnehmen („FPQ"!), kann man bei den Prognose-, Such- und Erkundungsarbeiten auf Fluorit und Baryt nicht mit diesem Schema arbeiten.

Auch die von CHRT, BOLDUAN u. a. (1966, 1968) verwendete Einteilung der Mineralisationen (vgl. Abb. 1, untere Spalte) kann hier nicht benutzt werden, da diese die relative Altersfolge unberücksichtigt läßt, die untrennbarer Bestandteil einer minerogenetischen Betrachtungsweise ist.

Eine einheitliche, international gültige Einteilung und Bezeichnung der hydrothermalen Mineralisationen liegt noch nicht vor.

Angesichts der erwähnten Mängel standen die Mitarbeiter des Spatprognosekollektivs des VEB Geologische Forschung und Erkundung Halle (dem Fachleute aus dem Harz, aus Thüringen und Sachsen angehörten) vor der Notwendigkeit, für alle Mineralganggebiete der geologischen Einheiten des Südteils der DDR ein einheitliches Mineralisationsschema zu erarbeiten. Dabei wurden auch neue Termini und Klassifikationsprinzipien in gemeinsamer Diskussion geschaffen und angewendet. Verf. stellt in diesem Beitrag das weiterentwickelte Mineralisationsschema der hydrothermalen Mineralgänge des Erzgebirges, Granulitgebirges und Vogtlandes zur Diskussion.

Prinzipiell wurde davon ausgegangen, daß die Mineralabscheidung hydrothermaler Gänge ein geradlinig, stadial und unstetig verlaufender Evolutionsprozeß ist. Zwischen den einzelnen Stadien dieser Entwicklung bestehen i. a. fließende Übergänge. Gewisse qualitative Entwicklungssprünge sind nach tektonischen Öffnungsbewegungen zu beobachten. Heute ist im wesentlichen nur die Beobachtung der Ergebnisse dieses Evolutionsprozesses möglich. Zur übersichtlichen Darstellung der gesamten Altersreihenfolge der ausgeschiedenen Minerale der hydrothermalen Gänge ist es notwendig, ein hierarchisches Begriffssystem zu verwenden. Die Erarbeitung einer solchen Taxonomie ist für die Mineralisationen, das Ergebnis des Mineralbildungsprozesses, sehr schwierig. In der Literatur finden sich einige Versuche der Taxonomie magmatischer Prozesse, darunter auch des Sektors hydrothermaler Bildungen. Von den einzelnen Autoren werden für die taxonomischen Gruppen meist unterschiedliche Bezeichnungen benutzt.

Im vorliegenden und dem angekündigten weiteren Beitrag wird, dem Spatprognosekollektiv folgend, die hydrothermale Gangmineralisation ihrer natürlichen Abscheidungsfolge nach in „Folgen" und „Folgengruppen" eingeteilt.

Unter dem Begriff „Folge" wird ein geologischer Körper verstanden, der aus einigen gleichzeitig oder nacheinander abgeschiedenen Mineralen einer Paragenese oder aus einer massenweisen monomineralischen Abscheidung besteht und im Intervall zwischen zwei tektonischen Öffnungsbewegungen gebildet wurde. Eine Folge kann auch mehrere strukturell nicht oder verschiedengradig voneinander abweichende Generationen eines Minerals (Rekurrenzen) einschließen. Eine Folge kann innerhalb des Nebengesteins oder der Mineralgangausfüllung selbständige Trümer bilden. Eine Folge ist gegenüber der abgesetzten Schicht, Kruste oder dem Rasen einer Mineralart oder gegenüber einem Mineralkomplex die nächsthöhere hierarchische Kategorie und stellt einen definierten Ausschnitt aus der Evolutionsreihe der hydrothermalen Mineralausscheidung dar.

Eine Folge unterscheidet sich von benachbarten Folgen der Bildungsreihe durch abweichende chemische (mineralische) Zusammensetzung, d. h. durch unterschiedliche Mineralparagenesen, und wird stets gegen die anderen Folgen tektonisch begrenzt. Hinsichtlich der Wortbildung stellt der Begriff „Folge" eine Kurzfassung von „Mineralabscheidungsfolge" dar.

In der nächsthöheren hierarchischen Ebene gegenüber „Folge" wird der Begriff „Folgengruppe" eingesetzt. Darunter wird ein geologischer Körper verstanden, der sich aus der Sukzession mehrerer Folgen zusammensetzt (meist mit verwandten, unter ähnlichen physikochemischen Bedingungen entstandenen Paragenesen), die zwischen zwei stärker ausgeprägten tektonischen Öffnungsbewegungen gebildet wurden.

Die Folgengruppe stellt einen bestimmten (gegenüber der Folge breiteren) Ausschnitt aus dem natürlichen Bildungsablauf der gesamten hydrothermalen Mineralabscheidung dar. Zwischen zwei benachbarten Folgengruppen bestehen meist stärkere qualitative Unterschiede als zwischen zwei Folgen (Ausnahme: nebeneinanderliegende monomineralische Folgen). Folgengruppen können im Nebengestein oder in der Mineralausfüllung mächtiger Gänge selbständige Gänge bzw. Trümer bilden. Die Aufstellung der Folgen und Folgengruppen ist nur in der Zusammenschau aller auftretenden Mineralisationen und ihrer kompletten Bildungsreihe einer größeren Region möglich.

Der Terminus „Abfolge“ wurde vermieden, weil er in der Literatur, obwohl sehr oft gebraucht, als Bezeichnung in sehr unterschiedlichen taxonomischen Hierarchieebenen eingesetzt wurde (Beispiele: „Magmatische Abfolge“, „Überkritische Abfolge“, „Pegmatitische Abfolge“, „Kiesige Abfolge“) und somit einen allgemeinen Charakter trägt.

Auch der Begriff „Gangformation“ wurde nicht verwendet, da er in der Literatur bald im genetischen, bald im paragenetischen Sinne benutzt wurde (vgl. PAECH 1971). Gerade in der Literatur über Mineralgänge des Sächsischen Erzgebirges bestehen bei einigen Autoren erhebliche Unterschiede in der Auffassung dieses Begriffs (vgl. BAUMANN 1958ff. mit DYMKOW 1960). Darauf soll in einem anderen Beitrag näher eingegangen werden.

Die Begriffe „Phase“, „Akt“ und „Stadium“ sollten in der Nomenklatur der Beschreibung des Evolutionsprozesses der Hydrothermen Verwendung finden.

Der Begriff „Paragenese“ nach der Definition von RÖSLER & WOLF (1969) erscheint Verf. als taxonomischer Begriff wegen schlechter Abgrenzbarkeit nicht geeignet.

Die Bezeichnung der Folgengruppen erfolgte nach dem Prinzip der Anwendung kürzester und prägnantester Begriffe und besteht aus den Namen der beiden, höchstens drei, charakteristischsten und immer darin auftretenden Minerale bzw. Mineralgruppen. Zur kürzeren Textfassung und in Abb. 1 und 2 werden für die Mineralnamen die unter Abschnitt 2. genannten symbolischen Abkürzungen verwendet. Die Bezeichnung der Folgen soll gleichzeitig formelhafter Ausdruck der typischen Zusammensetzung und Sukzession der Paragenesen sein. Dabei werden, wie Abb. 1 zeigt, die Stellungen und Beziehungen der einzelnen Charakterminerale zueinander durch verschiedene Zeichen ausgedrückt. Sie sind in der Erläuterung zu Abb. 1 und 2 erklärt. Da Zusammensetzung und Sukzession der

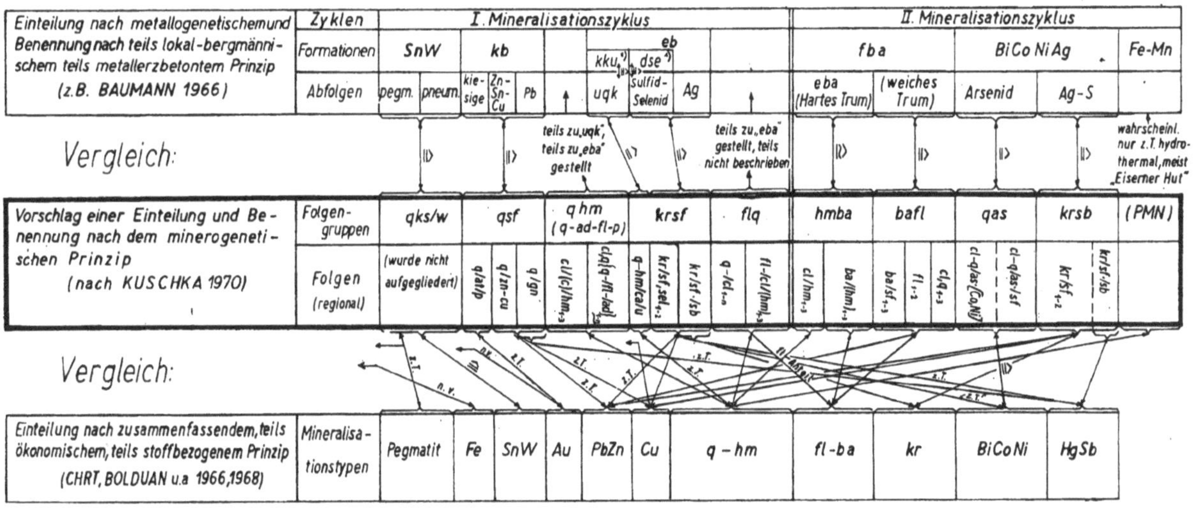

*) nach HARLASS & SCHÜTZEL 1965 n.v. nicht vergleichbar z.T. entspricht zum Teil

Abbildung 1

Erläuterung zur Abb. 1:

Die Bezeichnung der Folgen (regional) ist formelhafter Ausdruck der Paragenesis, Stellung und Beziehungen der einzelnen Charakterminerale zueinander.

Es bedeuten:

x/y	Mineral vor und hinter dem / tritt ± gleichzeitig, nebeneinander auf;
x-y	Mineral rechts vom Bindestrich folgt auf jenes links davon;
x-/	Minerale vor und hinter dem Zeichen -/ können sowohl gleichzeitig, als auch nacheinander gebildet sein;
z. B. in: sf · sb	zusammengesetzte Verbindung, im Beispiel: Sulfantimonid;
as · (Co, Ni)	Arsenide von Kobalt und Nickel; Darstellungsweise wird sinngemäß auch auf Sulfide, Antimonide usw. angewendet;
·/	Nebeneinander von Arseniden, Sulfarseniden und Sulfiden;
z. B. in: as ·/sf	
x, y	nur in Darstellungen der Folgen (regional): gegenseitiges lokalfazielles Vertreten der beiden vor und hinter dem Komma stehenden Minerale;
(x)	in Klammern gesetztes Mineral ist zwar charakteristischer Bestandteil der Paragenese, tritt aber untergeordnet auf;
x_{1-3}, x_{1-n}	hinter dem Mineralsymbol in tiefgestellter Kleinschrift: Folge tritt in 1—3 bzw. 1 bis mehreren Generationen auf;
$\{\}_{1-n}$ $\sim$	Mineralsukzession in der geschweiften Klammer tritt in einer bis mehreren Generationen auf. Die unter der Generationszahl stehende Tilde deutet an, daß die in der Klammer angeführten Minerale örtlich in verschiedener Reihenfolge auftreten können.

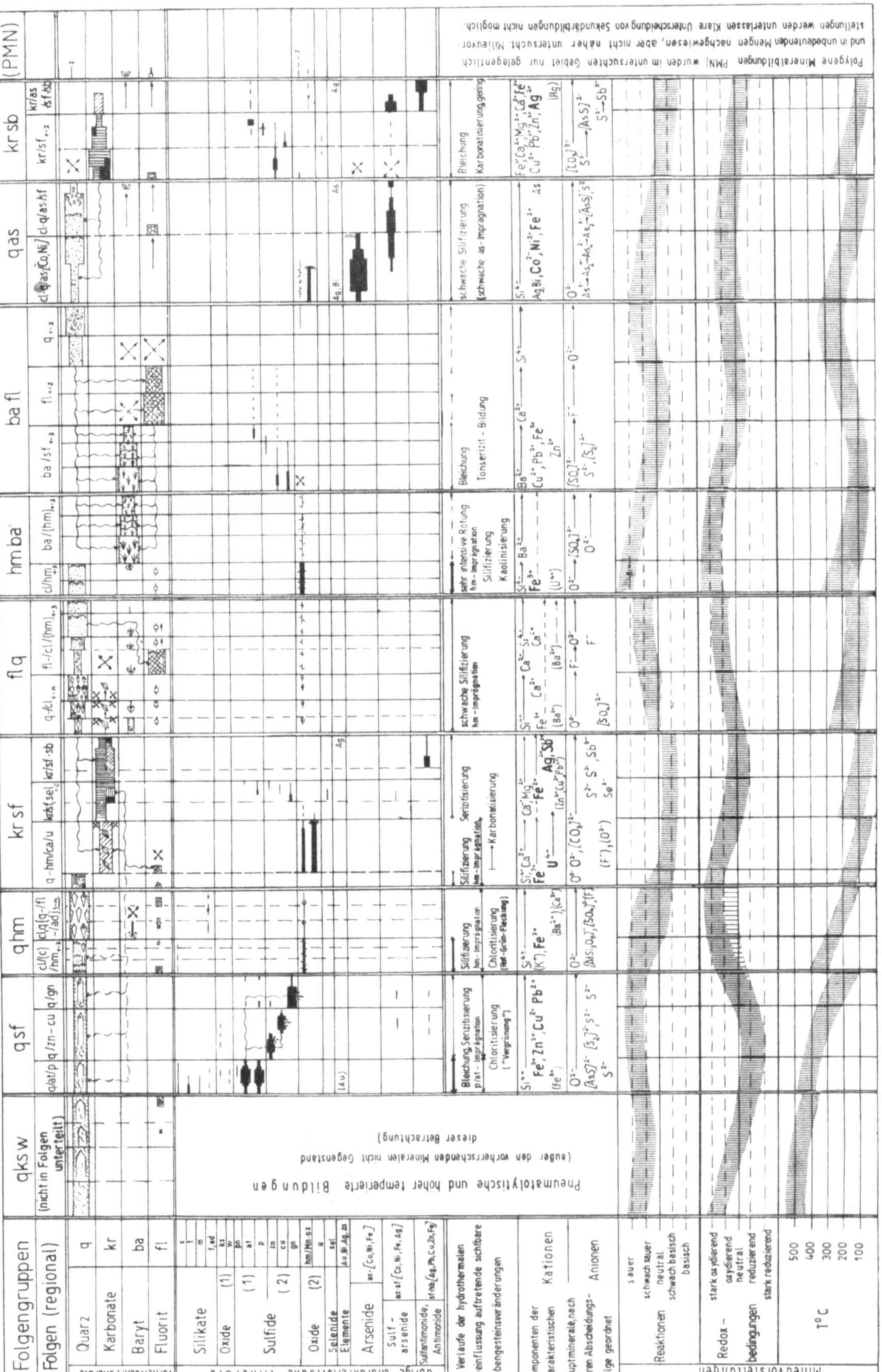
Folgengruppen
Folgen (regional)
qksw
qsf
qhm
kr sf
fl q
hm ba
ba fl
qas
kr sb
(PMN)
Quarz
Karbonate
Baryt
Fluorit
Silikate
Oxide
Sulfide
Selenide
Elemente
Arsenide
Sulfarsenide
Sulfantimonide, Antimonide
Pneumatolytische und hoher temperierte Bildungen
(außer den vorherrschenden Mineralen nicht Gegenstand dieser Betrachtung)
Reaktionen
Redox-bedingungen
T °C
Milieuvorstellungen

Abbildung 2

Erläuterung zur Abb. 2.

Folgengruppenbezeichnung

Die Folgengruppen werden nach den beiden charakteristischsten Mineralen benannt und durch Kürzel der entsprechenden Mineralnamen ausgedrückt.

Erklärung zur Bezeichnung der Folgen (regional) (Siehe Erläuterung zur Abb. 1)

Mineralabkürzungen (Kürzel)

q	Quarz	kr	Karbonate
c	Chlorit	t	Turmalin
ad	Adular	ks	Kassiterit
at	Arsenopyrit	p	Pyrit
gn	Galenit	hm	Hämatit
u	Uraninit	sel	Selenide
ba	Baryt	fl	Fluorit
m	Glimmer	f	Feldspat
w	Wolframit	pn	Pyrrhotin
zn	Sphalerit	cu	Chalkopyrit
Mn ox	Manganoxide	cl	Chalzedon

Au, Bi, Ag, As	gediegen Gold, Wismut, Silber, Arsen
as · (Co, Ni, Fe) bzw. as · sf · (Co, Ni, Fe, Ag)	Arsenide bzw. Sulfarsenide von Kobalt, Nickel, Eisen, Silber
sf · /sb · (Ag, Pb, Cu, Zn, Fe)	Sulfide, Sulfantimonide und Antimonide von Silber, Blei, Kupfer, Zink, Eisen

Symbolische Darstellung der Minerale im Schema

Die Konturenbreite der Mineraldarstellung gibt die relative Menge des Minerals im Vergleich zu den anderen auftretenden Mineralen an. Die eingezeichneten Symbole kennzeichnen Kristallform oder Art des Minerals.

Weitere Signaturen:

kollomorphe Ausbildung des Minerals

Mineral zeigt Entmischungen[1])

Mineral b verdrängt Mineral a (in Schlangenpfeilrichtung zu lesen[1]). Unterbrochene Schlangenlinie: Verdrängung evtl. auch dieser Abscheidung möglich.

Mineral ist an diesem Punkt des Mineralisationsvorgangs wegen des herrschenden Hydrothermenchemismus unbeständig und wird ganz oder teilweise aufgelöst.

Mineral wird erneut ausgeschieden (Umlagerung).

Die senkrechten Trennstriche im Schema drücken tektonische Öffnungsbewegungen unterschiedlicher Intensität aus: v. l. n. r.: sehr starke, starke, mäßige, schwache Bewegungen.

Schraffurbreite in der Darstellung der Milieuvorstellung. Toleranzbreite der Lage des theoretischen Mittelwertes.

[1]) Um die Übersichtlichkeit des Schemas zu wahren, werden nur die augenfälligsten Verdrängungs- und Entmischungsvorgänge dargestellt.

Folgen außerordentlich wechselhaft sein können und mehr oder weniger engräumig auftretende lokale Erscheinungsformen ausbilden, wird bei der Folgennomenklatur konsequent zwischen lokalen und regionalen Benennungen unterschieden, wobei Folgen (lokal) im Zusammenhang mit Beschreibungen einzelner Gänge und Gangsysteme angegeben werden und Folgen (regional) bei summarischer Betrachtung größerer Gebiete. Die Bezeichnung Folgen (regional) trägt somit zusammenfassenden, verallgemeinernden Charakter und muß entsprechend aufgefaßt werden.

4. Beschreibung der hydrothermalen Abscheidungsfolge

Die Bildung der Mineralgänge setzte im untersuchten Gebiet mit der Abscheidung pegmatitischer, pneumatolytischer, pneumatolytisch-hydrothermaler und hydrothermaler Mineralisationen ein. Hier sollen nur die hydrothermalen Gangmineralisationen, also Mineralabsätze mit theoretischen Bildungstemperaturen unter 400 °C, beschrieben werden (vgl. Abb. 2).

4.1. Quarz-Sulfide(qsf)-Folgengruppe

Am Beginn der hydrothermalen Mineralgangentwicklung stehen nach tektonischen Öffnungsbewegungen, die sich nicht genau datieren lassen, Quarz–Sulfid-Paragenesen. Der qsf-Folgengruppe gehören bis zu drei Folgen an, die sich in einigen Gebieten nicht klar durch tektonische und stoffliche Unterschiede trennen lassen. Da die zugehörigen Paragenesen früher reiche Erzgänge bildeten, waren sie des öfteren Gegenstand ausführlicher Beschreibungen. Die letzten Darstellungen dieser als „kb"-Formation bezeichneten Mineralisation (BAUMANN 1958, 1965, u. a.) bedürfen kaum noch der Ergänzung.

In gemeinsamen Verbreitungsgebieten läßt sich die (ältere) pneumatolytische Quarz–Kassiterit–Wolframit-Folgengruppe (qksw) von der qsf-Folgengruppe mitunter schwer abgrenzen. Kennzeichnend sind tektonische Durchschlagungen, die gegenüber der qksw-Folgengruppe weitaus stärkere Sulfidführung und der abweichende Quarztyp.

Die qsf-Folgengruppe beginnt mit der Folge q/at/p. An der Zusammensetzung der Folge sind im wesentlichen Quarz (q), Arsenopyrit (at) und Pyrit (p) beteiligt. Der q tritt in mehreren Ausbildungen auf: als dichter massiger Fettquarz, als ein körniger grauer bis klarer q, der mit zunehmender Feinkörnigkeit und Kompaktheit dem Chalzedon sehr ähnlich werden kann, und zuweilen als ein langprismatischer wasserklarer q. Als Begleiter des q finden sich in mehr oder weniger Verwachsung, oft in nicht einwandfrei zu bestimmender Aufeinanderfolge, Chlorit, Turmalin, Serizit, Nakrit, Kaolinit, sehr selten Topas und Apatit. Zugehörige Sulfide (sf) sind: at, p, seltener Pyrrhotin (pn), sehr selten und gelegentlich Emplektit, Molybdänit. Ferner können nochmals Wolframit (w) und Kassiterit (ks) auftreten. Gediegen Gold findet sich meist an p und at gebunden. Die sf bilden zuweilen selbständige Trümer. Auch kann die Folge nur durch q vertreten sein. Die Mengenverhältnisse q : Begleitminerale schwanken in weiten Grenzen. Am häufigsten sind jedoch q, at und p. Die übrigen genannten Minerale treten stark zurück.

Als nächste gelangte die q/zn/cu-Folge zum Absatz. Sie ist überall dort nicht von der ersten Folge klar trennbar, wo Zinkblende (zn) — in der qsf-Folgengruppe stets schwarz, marmatitisch — und Kupferkies (cu) innig mit den Mineralen der q/at/p-Folge verwachsen sind. Im osterzgebirgischen Raum ist eine scharfe Unterscheidung durch deutliche Aufeinanderfolge mit Trumdurchschlagungen möglich. Als Massenmineral tritt wieder q auf, der wie in der ersten Folge kleinkörnig bis dicht sein kann und die sf in ± enger Verwachsung enthält. Auch diese Folge weist regionale Unterschiede auf. So ist die Aufeinanderfolge zn—cu nicht überall zu beobachten. Als seltene Begleiter kommen Stannin und eine Reihe anderer sf, Sulfantimonide (sf · sb) und Sulfarsenide (sf · as) von Kupfer (Bornit, Bournonit, Tennantit, Tetraedrit u. a. m.) vor. Zum Abschluß wurde die q/gn-Folge abgeschieden. Auch diese Folge ist nicht immer leicht von den beiden älteren Folgen trennbar. Hauptminerale sind q und Galenit (gn). Zuweilen folgt auf eine derbe gn-Abscheidung langprismatischer klarer q. Verschiedentlich treten nochmals in geringer Menge cu, p und at (meist Entmischungen des gn) auf, ferner Emplektit. Im Randbereich der qsf-Folgengruppenverbreitung erscheinen Pb-, Cu-Antimonide (sb) und Antimonit. Im Westerzgebirge stellt sich örtlich gegen Ende der qsf-Folgengruppe etwas Fluorit ein.

Im Zusammenhang mit der qsf-Mineralisation sind im Nebengestein oft Bleichungen, Serizitisierung oder Chloritisierung (Vergrünung) zu beobachten (KÜHNE 1967). Mitunter sind diese Veränderungszonen mit sf imprägniert.

Vom Bildungsmilieu her sind folgende Vorstellungen denkbar: Bei einer Bildungstemperatur von ca. 400 °C bis absinkend zu ca. 200 °C wurde die Mineralisation aus vorwiegend schwach sauren bis sauren Hydrothermen unter vorwiegend reduzierenden Bedingungen abgeschieden.

4.2. Quarz-Hämatit(qhm)-Folgengruppe

Diese Folgengruppe weist starke lokale Unterschiede in Ausbildung und Breitenentwicklung auf. Es sind bis zu zwei Folgen mit je einer bis mehreren Generationen entwickelt. Haupt- und Charakterminerale sind Quarz (q), Hämatit (hm), Fluorit (fl), ferner Adular (ad).

Als selbständige „Gangformation" in unmittelbarer Folge auf die qsf-Mineralisation wurde die Folgengruppe qhm bisher nicht beschrieben. Anteile dieser als in sich geschlossene Mineralsukzession aufzufassende Bildung mit eindeutiger tektonischer und geochemischer Abgrenzung wurden von HARLASS & SCHÜTZEL (1965) als zur „kku"-Formation bzw. von BAUMANN (1965) als zur „uqk"-Abfolge gehörig beschrieben. Weitere Anteile dieser Folgengruppe erscheinen z. B. bei BAUMANN (1958, 1965) als Glieder der „eba"- und der „FeMn"-Formation. Ferner gehört die bisher von verschiedenen Autoren (z. B. SCHULZ 1961) erwähnte, aber nicht ins Mineralfolgensystem sicher eingebaute „FPQ"-Formation (Fluorit–Paradoxit–Quarz) hierher.

Die Abgrenzung der qhm-Folgengruppe und ihrer zugehörigen beiden Folgen gegenüber der älteren qsf-Folgengruppe ist durch Strukturwandel des q und Auftreten des hm sowie Trumdurchschlagungen gegeben. Die Unterscheidung von der ersten Folge, der krsf- und der flq-Folgengruppe ist wegen der Ähnlichkeit der Paragenesen örtlich nicht einfach, wird aber durch gegenseitiges Durchschlagen möglich. Gewisse Schwierigkeiten ergeben sich hinsichtlich der Abgrenzung zur krsf-Folgengruppe dort, wo letztere nicht entwickelt bzw. durch Verdrängungsprozesse von jüngeren Hydrothermen aufgelöst worden ist.

Die Folge cl/(c)/hm, als erste der Folgengruppe qhm, kann bis zu drei deutlich durch tektonische Bewegungen voneinander getrennte Generationen bilden. Die erste Generation ist ein überwiegend blaßbrauner oder grünlicher, stellenweise auch rot-grün-fleckiger Chalzedon (cl) bis feinkörniger q, der in stark wechselndem Maße zersetztes Nebengestein führt. In einigen Gängen vertritt eine dünne blasse Achatlage diese Folge. Als grünfärbende Substanzen kommen neben Gesteinsdetritus Chlorit (c), Nakrit und eventuell Serizit in Frage, während die bräunlichen Färbungen von feinverteiltem hm herrühren. Als zweite Generation tritt meist dunkel- bis schokoladenbrauner cl auf. Gelegentlich nimmt das färbende Pigment, der hm, so hohe Konzentrationen an, daß er dem q überwiegt und mehr oder weniger kieseliges Roteisenerz bildet.

Die dritte Generation ist meist hell und hm-arm bzw. -frei und besteht ebenfalls aus cl bis feinkörnigem q. Örtlich schaltet sich in die 2. oder 3. Generation oktaedrischer Fluorit (fl) ein oder schließt die erste Folge ab. Die cl(c)/hm-Folge ist über weite Teile des untersuchten Gebietes verbreitet, kann aber auch in einigen Gegenden fehlen. Sie hat meist nur geringen Anteil an der Gangfüllung und ist deshalb leicht zu übersehen. Andererseits kann sie aber auch Massenausscheidungen bilden, besonders in mächtigen pfahlähnlichen herzyn streichenden Brekziengängen.

Ein im Südwestvogtland grünlicher cl, der am Anfang der sogenannten „FPQ"-Mineralisation steht, wird als Äquivalent dieser Folge angesehen.

Bei der Folge cl, q{q-/fl-/ad}$_{1-n}$ liegen, wie schon ihre Bezeichnung ausdrückt, sehr komplizierte und lokal wechselhafte Verhältnisse vor. Haupt- und Charakterminerale sind in nach der Reihenfolge abnehmender Menge bzw. Bedeutung geordnet: q, fl, ad, hm.

Quarz (q) ist stets vertreten, und zwar in den Formen Chalzedon (cl), Achat, feinkörniger q, Kammquarz (eine Parallelverwachsung dünner, langprismatischer Kristalle), Prismenquarz (Kristalle mit langen, schlanken Prismen), Sternquarz (fächerartige Verwachsung langprismatischen q), Keilquarz (Kristalle mit sich keilförmig zur Basis verjüngenden unebenflächigen Prismen), gezont, farblos, seltener als Amethyst.

Fluorit (fl), oktaedrisch und (selten) kollomorph, ist violett und grün (rote, gelbe und blaue Farben fehlen). Der fl tritt nicht überall auf, kann aber örtlich nennenswerten Anteil an der Gangausfüllung aufweisen. Adular (ad) (Lokalbezeichnung Paradoxit), massig, körnig, grobkristallin, farblos, weißlich, rosa, rot, orangefarben, fehlt in weiten Teilen des untersuchten Gebietes, ist für das Südwestvogtland charakteristisch.

Hämatit (hm) und Manganoxide (mn), meist staubförmig oder sphäroidisch, den q-Pyramiden auf- oder eingewachsen, fehlt im Südwestvogtland. Pyrit (p) erscheint im Südwestvogtland an Stelle des hm, sonst fehlend. Baryt (ba), dicktafelig, fächerartig und verschränkt angeordnet, stets nur als Pseudomorphosen oder Negative erhalten, wurde von jüngeren q-Generationen unter „Gerüstquarz"-Bildung verdrängt, ist verbreitet zwischen dem Kirchberg—Eibenstocker Granitmassiv und der Flöha-Synklinale.

Obwohl nur wenig Mineralarten am Aufbau der Folge beteiligt sind, finden sich äußerst wechselhafte Ausbildungen vor. Als Füllungen von Fieder- und Zerrspalten oder Brekziengängen zeigt diese Folge eine Tendenz zur Bildung von Überkrustungs- und Kokardentexturen mit mehrfacher rhythmischer Wiederholung. Verf. konnte örtlich mehr als 20 Mineralgenerationen zählen, deren ruhiger Absatz meist durch tektonische Bewegungen gestört wurde. Eisenminerale treten in dieser Folge wesentlich spärlicher auf.

Beispiele für Lokalausbildungen der Folge cl, q {q–/fl–/ad}$_{1-n}$:

cl/fl–q	(Nordwestvogtland und Nordteil des Westerzgebirges)
fl–/ad–/q	(Nordwestvogtland und Nordteil des Westerzgebirges)
{q–fl–ad}$_{1-n}$	(Südwestvogtland)
fl–{cl–q}$_{n}$–ad fl–q–fl/ad–(ba)–{fl–/ad–q}$_{1-n}$ mit hm fl–/ad–q–fl–cl	(im mittleren Erzgebirge und im Erzgebirgischen Becken)
cl–q/(fl)–cl	(südliches Westerzgebirge)
cl–ba–cl–q q–cl	(mittleres Erzgebirge)
q–/(hm)	(Westerzgebirge)

(Erläuterung der Symbole in den Erklärungen zu Abb. 1 und 2)

Unter der Einwirkung der Hydrothermen, aus denen die qhm-Folgengruppe ausgeschieden wurde, erfuhr das Nebengestein im wesentlichen Silifizierungen, schwache Chloritisierung, Imprägnationen mit hm unter charakteristischer Rot-Grün-Fleckung. Hierher gehört das von KUSCHKA (1968) beschriebene „Bunte Trum" von Warmbad. Vom Bildungsmilieu wird saure bis schwach saure Reaktion, gegen Ende der Bildung mit Umschlag zum Basischen (oktaedrischer fl!) unter vorwiegend oxydierenden Redoxbedingungen angenommen. Die Bildungstemperaturen dürften mit fallender Tendenz zwischen 400 °C und 100 °C gelegen haben (Adular: $\pm$109 °C untere Grenze).

4.3. Karbonate-Sulfide(krsf)-Folgengruppe

Nach erneuter tektonischer Öffnungsbewegung wurden die Paragenesen der krsf-Folgengruppe abgesetzt. Karbonate (kr) überwiegen weitgehend die anderen zugehörigen Minerale, wie q, hm, sf, Selenide (sel), Sulfantimonide (sf · sb). Es sind bis zu drei Folgen ausgebildet. Diese Mineralisation wurde zuletzt ausführlich von BAUMANN (1958, 1965) als „eb"-Formation mit den Abfolgen „uqk", Sulfid–Selenid und Ag, ferner von HARLASS & SCHÜTZEL (1965) vom Westerzgebirge als „kku"- und „dse"-Formation beschrieben. Verf. kann sich deshalb an dieser Stelle auf eine Kurzbeschreibung beschränken. Die Abgrenzung der Folgengruppe ist im allgemeinen durch Trumdurchschlagungen gesichert. Stoffliche Unterschiede zur älteren Folgengruppe treten anfangs nicht hervor, da erst im Verlaufe der Bildung ein stofflicher Umschlag erfolgt.

Die Folge q—hm/ca/u, als erste der Folgengruppe, setzt i. a. mit q ein, der im wesentlichen als Kammquarz auftritt. Örtlich zeigen sich Übergänge dieses q-Typs zu cl oder Achat einerseits und Keilquarz andererseits.

Die q-Abscheidung ist manchmal mit fl verbunden, der zum q in den zeitlichen Verhältnissen fl–q, q/fl oder q–fl auftreten kann. Auf den Kammquarz folgen Absätze von hm, skalenoedrischem Kalzit (ca) und (örtlich) kollomorpher Uranpechblende (u), und zwar etwa gleichzeitig oder im rhythmischen Wechsel. Uraninit bevorzugt die Nähe kohlenstoffreicher Gesteine. Die q–hm/ca–u-Folge ist nicht überall entwickelt. Zuweilen ist sie nur durch Kammquarz oder ca vertreten.

Die Folge kr/sf/ sel brachte nach tektonischer Bewegung im West- und mittleren Erzgebirge in der Hauptsache Braunspat (ankeritischer Dolomit) oder Dolomit (d) in zwei bis drei Generationen, die ihrerseits durch schwache tektonische Bewegungen getrennt sind. Die kr verdrängten intensiv den ca und den u der vorangegangenen q–hm/ca/u-Folge, teilweise unter Ausbildung schöner Dolomit- oder Braunspatpseudomorphosen nach ca-Skalenoedern. Die kr wurden anfangs noch von hm, später von verschiedenen sf und, örtlich, von sel begleitet. Auch etwas umgelagerter u kann sich einstellen. Diese Folge entspricht der „dse"-Formation von HARLASS & SCHÜTZEL (1965). In Teilen des mittleren Erzgebirges, im Osterzgebirge und im Granulitgebirge sind verschiedene kr entwickelt, meist in der Abscheidungsfolge Siderit (sr) — Rhodochrosit (rh) — Braunspat/Dolomit. Als Begleiter treten hier mitunter nennenswerte Mengen verschiedener sf auf (BAUMANN 1965: Sulfid-Abfolge).

Die Folge kr/sf·/sb ist wohl ausschließlich im Osterzgebirge entwickelt. Hauptmineral ist Dolomit oder Braunspat, dem ca und sr folgen können. Begleitminerale sind vorwiegend Silberminerale: Silber-sf, gediegen Silber, Silber-sf · sb, auch Pb-, Cu- und Fe-sf · sb und Antimonit (BAUMANN 1965: Ag-Abfolge).

Im Nebengestein der Mineralisation der krsf-Folgengruppe sind hauptsächlich Veränderungen in Form von Serizitisierungen und Karbonatisierungen zu beobachten.

An Hand der Mineralparagenesen und nach Flüssigkeitseinschlußuntersuchungen (HARLASS & SCHÜTZEL 1965, NAUMOW & MIRONOWA 1969 sowie TISCHENDORF & UNGETHÜM 1968) kann man zu folgenden Milieuvorstellungen gelangen: Zur Abscheidung der q–hm/ca/u-Folge erfolgte ein Umschlag von saurer zu basischer Reaktion, von oxydierenden zu reduzierenden Redoxbedingungen. Die Temperatur ging von ca. 200 bis 100 °C auf 100 bis. ca. 20 °C zurück. Mit einer Aufheizung setzte die nächste der beiden weiteren Folgen ein, deren Temperaturengang von 200 °C bis ca. 20 °C reicht.

4.4. Fluorit-Quarz(flq)-Folgengruppe

In der Folgengruppe flq ist Quarz das verbreitetste und vorherrschende Mineral, das besonders auf den zahlreichen, das Erzgebirge in NW—SE-Richtung durchschneidenden Störungszonen massenhaft zum Absatz gelangte. Ebenfalls weit verbreitet ist Fluorit (fl). Erstmals in der gesamten Mineralisationsperiode des untersuchten Gebietes werden mit dieser Folgengruppe wirtschaftlich interessante Konzentrationen von fl ausgeschieden. Charakteristischer Begleiter der Folgengruppe ist hm. Es lassen sich zwei Folgen unterscheiden, von denen die erste wieder sehr kompliziert und wechselhaft ausgebildet sein kann.

Die gut abgrenzbare Folgengruppe flq ist wegen ihrer erheblichen Breitenentwicklung, ihrer besonderen stofflichen Zusammensetzung bei selbständiger Trumbildung eine neuaufzustellende Mineralisationseinheit. Sie wurde als solche bisher nicht behandelt bzw. erkannt. Eine erste eingehende Beschreibung der zugehörigen Paragenese gab KUSCHKA (1968) noch unter der Bezeichnung „eba"-Formation (Quarz–Amethyst-Abfolge und Chalzedonabfolge). Einzelne Glieder der Folgengruppe erwähnt ohne umfassende Beschreibung BAUMANN unter „eba-Abfolge", z. T. auch unter „Fe, Mn-Formation" (1965, 1968). An dieser Stelle erfolgt eine geschlossene Kurzdarstellung dieser Folgengruppe. Die Abgrenzung gegen die jüngere krsf-Folgengruppe ist an sich scharf durch Umschlag des Chemismus und tektonische Bewegungen gegeben, stellenweise jedoch schwierig zu handhaben, da die Hydrothermen, aus denen die flq-Folgengruppe ausgeschieden wurde, die auf gleicher Spalte vorhandenen kr und sf der krsf-Folgengruppe mehr oder weniger vollständig verdrängten. Gelegentlich sind jedoch die Formen der ca-Skalenoeder oder anderer kr pseudomorph als „Schatten", markiert durch reliktischen hm-Staub aus der q–hm/ca/u-Folge, erhalten geblieben. Weiterhin läßt auch die Spurenelementführung der q auf Verdrängungen der älteren krsf-Mineralisation schließen. Im mittleren Erzgebirge ist die Abtrennung der flq-Folgengruppe von der qhm-Folgengruppe an mehreren Orten wegen der ähnlichen Zusammensetzung beider Mineralisationen problematisch.

Haupt- und Charakterminerale der Folge $q-/cl_{1-n}$ sind, geordnet nach der Reihenfolge abnehmender Menge und Bedeutung:

Quarz (q), in den Formen cl, Achat, feinkörniger q, Faser-q bis Kamm-q mit Übergängen zu cl und Achat, Keil-q, farblos, gezont, in den Zentren intensivster Ausbildung dieser Folge oft als Amethyst. Die Formen Stern-q und Prismen-q treten nicht mehr auf.

Fluorit (fl), als körnige, mitunter auch kollomorph-radialfasrige Massen, hexaedrisch (oktaedrische Ausbildung fehlt weitgehend), violett, grün, selten auch gelb. Fluorit tritt stets in weitaus geringeren Mengen auf als der q.

Baryt (ba), als dicktafelige, verschränkte oder fächerartige Aggregate, meist nur pseudomorph erhalten und durch jüngeren q verdrängt. Im Osterzgebirge und örtlich im mittleren Erzgebirge ist der ba erhalten. Er ist klar bis milchig-trüb, weißlich oder blaßrosa, durch hm-Staub gefärbt.

Kalzit (ca)-Skalenoeder werden stellenweise beobachtet. Sie treten wiederholt in mehreren Generationen, stets als spärlich eingestreute Einzelkristalle auf. Sie sind meist nur als Negative erhalten. Wahrscheinlich handelt es sich um mehrmalige Umlagerungen aus der q–hm/ca/u-Folge.

Fe, Mn-Oxide: Hämatit (hm) tritt als färbendes Pigment (kollomorph, dispers) besonders in Achatbändern oder als Sphäroide den Pyramiden der q-Kristalle ein- oder aufgewachsen auf. Mn-Oxide sind als schwarzer Staub ein- oder aufgestreut.

Bei relativ ungestörter Mineralabscheidung sind rhythmischer Wechsel verschieden struierter q-Typen und ihrer Begleitminerale unter Ausbildung von Überkrustungs- und Kokardentexturen typisch. Es wurden zwischen einer und mehr als 20 Mineralgenerationen beobachtet, deren Absatz von bis zu drei deutlichen Öffnungsbewegungen zeitweilig unterbrochen wurde (Trumdurchschlagungen). Für den wechselhaften Charakter der Folge q-/cl_{1-n} sollen hier folgende Beispiele angeführt werden:

einfache, unbedeutende Ausbildungen:

q (Keilquarz) (im Bereich des Eibenstocker Granits)
(Achatband)-q_{1-3} (Westerzgebirge)
q–cl (als Achat)–cl, ba–q (Gerüstquarz), cl/(hm)–q (im mittleren Erzgebirge und z. T. im Osterzgebirge)

komplizierte, z. T. bedeutende Ausbildungen:

Amethyst–Chalzedon-Gänge des mittleren Erzgebirges; Chalzedon–Achat–Amethyst-Gänge des Westabschnitts des Osterzgebirges

In der nächsten, der Folge fl–/cl/(hm), sind eine bis vier Generationen, begrenzt durch tektonische Bewegungen unter Bildung selbständiger Trümer zu beobachten.

In mehreren Gangnetzen des mittleren Erzgebirges und des Westerzgebirges stehen am Beginn der Folge Massenausscheidungen von fl. Der fl ist oft kollomorph-radialfasrig entwickelt, aber auch hexaedrisch. Die Färbung ist vorwiegend violett und grün, seltener auch gelb und blau-violett oder auch farblos. Oft liegt mehrmaliger Farbwechsel in der fl-Abscheidung vor. Der südwestvogtländische „Hauptflußspat", dem sich etwas q und in der letzten Generation nochmals Adular einschalten können, wird vom Verf. mit Vorbehalt dieser Folge zugeordnet. Im übrigen Verbreitungsgebiet, generell nach den fl-Bildungen, gelangten eine bis drei Generationen cl bzw. cl/q zum Absatz.

Chalzedon (cl)I ist überwiegend hornsteinähnlich oder nach Verdrängung älterer hydrothermaler kr oder von fl-Füllungen feinkristalliner Chalzedon-Quarz als eine schlakkigporöse Masse. Mitunter ist noch fl eingewachsen. Feindisperser hm färbt den cl I blaßbräunlich. In einigen Ganggebieten ist ba in Spuren eingeschaltet. Im Osterzgebirge liegt als Sonderausbildung dieser Generation ein bis zu 16 cm breiter Achat vor, der durch Keil-q abgeschlossen wird.

Chalzedon (cl) II ist ebenfalls hornsteinähnlich, braun gefärbt; örtlich gibt es Übergänge zu Roteisenerz. Im Osterzgebirge ist ein rhythmischer Wechsel von cl mit fl zu beobachten, der in kollomorphem fl endet. Den einzelnen Bändern können einzelne tafelige ba-Kristalle eingeschaltet sein.

Chalzedon (cl) III ist gewöhnlich die hellste Generation, grau bis rosa oder gelbbraun, hellbraun und flintartig. Hier tritt auch etwas ba und fl auf. Mit der Ausbildung der flq-Folgengruppe sind meist nur geringe Nebengesteinsveränderungen verbunden, als schwache Silifizierungen und Rötungen durch hm-Imprägnation.

Der Mineralbestand und die Ausbildung lassen folgende Vorstellungen über das Bildungsmilieu zu: anfangs schwach saure bis basische Reaktion (ca-Skalenoeder!), allmähliches Saurerwerden der Reaktionen und schwach reduzierende, später zunehmend oxydierende Redoxbedingungen. Bildungstemperaturen anfangs zwischen > 300 °C und 120 °C, allmählich zurückgehend bis auf 180 °C und 30 °C. Exakte Temperaturmessungen an Libelleneinschlüssen liegen, abgesehen vom Südwestvogtland, nicht vor. Auch „Thermometerminerale" wurden nicht beobachtet.

4.5. Hämatit-Baryt(hmba)-Folgengruppe

Charakterisiert wird diese Folgengruppe durch massenhaft ausgeschiedenen rotgefärbten Baryt und sogenannten „Roten Hornstein". Diese Paragenesen sind zuletzt bei OELSNER (1952, 1958) als „eba-Formation", bei BAUMANN (1958, 1965) als „eba"-Abfolge" und bei KUSCHKA (1968) als „Hornstein–Baryt-Abfolge" der „eba-Formation" beschrieben worden. Verbreitung und Ausbildung dieser Folgengruppe konnten vom Verf. weiter präzisiert werden.

Die Abgrenzung gegen die älteren und jüngeren Paragenesen ist stets eindeutig durch die Eigenart der Ausbildung, des Chemismus und durch Trumdurchschlagungen gegeben. Die Mineralisation der Folgengruppe setzte nach stärkerer tektonischer Öffnungsbewegung und vermutlich auch nach größerem zeitlichem Hiatus ein. In Übereinstimmung mit BAUMANN (1965, 1968) kann man in der Folgengruppe hmba den Beginn einer neuen Mineralisationsära sehen (2. Mineralisationszyklus). Die Mineralabscheidungen beginnen mit der Folge cl/hm, in der bis zu drei durch tektonische Bewegungen getrennte Generationen unterscheidbar sind. Die Paragenese cl/hm ist als sogenannter „Roter Hornstein" ausgebildet, eine intensiv braune tuffartige Masse mit mattem Bruch.

Hornstein I ist schokoladenbraun gefärbt und enthält oft viele Nebengesteinseinschlüsse.

Hornstein II ist überwiegend rotbraun und kann Spuren violetten fl enthalten. Im Südwestabschnitt des Osterzgebirges tritt mit größerem Mengenanteil kollomorpher fl auf.

Hornstein III wurde nur im mittleren Erzgebirge beobachtet, ist heller und führt Nester grobspätigen ba. Örtlich kann der Hornstein durch Zunahme des hm-Anteils in Roteisen übergehen und gab in manchen Fällen Anlaß zu geringem Eisenerzbergbau.

Die Folge ba/(hm) bildete ebenfalls bis zu drei Generationen aus. Der ba ist stets durch disperse hm-Beimengungen rötlich gefärbt und wird als „Rotbaryt" bezeichnet.

Rotbaryt I ist immer grobspätig, besteht aus fächerartig angeordneten, blättrigen, gekrümmten Kristallaggregaten.

Rotbaryt II ist immer feinspätig-kollomorph, ± intensiv hell-dunkel gebändert.

Rotbaryt III ist ebenfalls feinspätig, feinfilzig-kollomorph, heller als ba II, nur blaß gezont.

Die verschiedenen Generationen sind durch tektonische Bewegungen, verbunden mit Trumdurchschlagungen, voneinander getrennt. Mit der Folge ba/(hm) ist nirgends genetisch fl verknüpft. Die im mittleren Erzgebirge und Osterzgebirge oft zu beobachtenden, bald zapfenartigen bald bänderartigen Einschaltungen gelben bis grünen fl haben sich stets als jüngere Bildungen erwiesen, die den Rotbaryt verdrängten. Aus dem gleichen Grunde muß ein vertikaler Wechsel von ba zu fl nach der Teufe hin als nicht existent angesehen werden. Die Folgengruppe hmba ist im untersuchten Gebiet eine signifikante, sich in der Gesamtmineralisation nicht wiederholende Erscheinung. Sie kann deshalb als „Leitparagenese" angesehen werden.

Mit dem Auftreten der Folgengruppe hmba, besonders der Folge cl/hm, sind sehr intensive Nebengesteinsveränderungen verbunden, wie feindisperse hm-Imprägnationen (Rötung) und Silifizierungen, teilweise auch Kaolinisierungen. Hinsichtlich des Bildungsmilieus kann man mit TISCHENDORF & UNGETHÜM (1968) annehmen, daß die Reaktionen zu Beginn der Bildung sauer waren und sich allmählich zum Neutralpunkt bewegten, während die Redoxbedingungen oxydierend blieben. Der Temperaturablauf dürfte nach 300—200 °C Anfangstemperatur allmählich fallende Tendenz bis 150—30 °C aufgewiesen haben.

4.6. Baryt-Fluorit(bafl)-Folgengruppe

Für diese Folgengruppe sind „Weißbaryt", Fluorit, q und sf charakteristisch, die in drei Folgen abgeschieden wurden. Die Paragenesen waren wegen ihrer wirtschaftlichen Bedeutung als Farbbaryt-, Flußspatsowie Blei-Zink-Erz-Lieferant schon mehrmals beschrieben worden. Sie sind unter der Bezeichnung „fba-Formation" bekannt geworden. Als Beispiele für in neuerer Zeit erfolgte Bearbeitungen sind TISCHENDORF (1955) und BAUMANN (1958, 1965) zu nennen. Die Abgrenzung gegen die ältere Folgengruppe ist durch das Fehlen von hm, das Auftreten von sf und durch tektonische Bewegungen, verbunden mit Trumdurchschlagungen, gegeben. Die Ergebnisse eingehender vergleichender Untersuchungen des Verf. belegen eindeutig die Sukzession der Folgen ba/sf–fl–q.

Mit der Folge ba/sf, am Anfang der Folgengruppe, wurde Weißbaryt in bis zu drei Generationen ausgeschieden, die oft durch tektonische Bewegungen voneinander getrennt sind.

ba I ist grobspätig, meist dicktafelig ausgebildet und führt nesterartig eingesprengt Kupferkies (cu) und/oder Galenit (gn).

ba II ist feinspätig-kollomorph, gebändert. Die Bänderung wird durch lagenweise angereicherte mehr oder weniger feinkörnige Einsprenglinge von cu und/oder gn, gegen Ende der Bildung in einigen Gebieten, besonders im Osterzgebirge, auch durch helle Zinkblende (zn) gekennzeichnet.

ba III ist ebenfalls feinspätig-kollomorph, gezont oder gebändert entwickelt. Gegen Abschluß sind meist dünnlagige Bänder mit Melnikowit–Pyrit ausgebildet. Vorher kommen auch Einsprenglinge von zn und gn vor.

Nach erneuter tektonischer Bewegung setzte sich die Folge fl ab. Diese vermutlich monomineralische Bildung zählt bis zu zwei Generationen grobspätigen bis massigen hexaedrischen fl von gelber, grüner, blauer (besonders im Südwestvogtland), seltener violetter Farbe. Vereinzelt kommt auch kollomorpher fl vor (im mittleren Erzgebirge). Nach zahlreichen gesicherten Beobachtungen tritt der fl als intensiver Verdränger des ba, sowohl der Folgengruppe bafl als auch von hmba, auf. Der fl drang in der jeweils 1. ba-Generation (Grobspat) meist zapfenartig, in die gebänderten und gezonten Generationen längs der Bänderung ein und kann hier gelegentlich wechselnde fl-ba-Abscheidungen vortäuschen. Im ba vorhandene sf werden vom fl nicht verdrängt, sondern umschlossen.

Die Folge q wurde nach erneuter tektonischer Bewegung in zwei bis drei Generationen als monomineralischer q ausgeschieden. Dabei gibt es lokal verschiedene Ausbildungstypen: entweder als cl, weiß bis grau, mitunter flintartig, oder als „zuckerkörniger" Quarz, der aus miteinander verbackten, selten über 1 mm großen idiomorphen q-Kriställchen mit je zwei Pyramiden und kurzem Prisma besteht. Zur Bildungszeit der q-Folge sind fl und ba unbeständig und werden intensiv verdrängt. Dabei wurden in der Regel die im Quarz vorhandenen ba-Reste bevorzugt angegriffen und der fl weniger betroffen. So kann man beobachten, daß fl scheinbar auf Gerüstquarz (q nach ba) folgt. Im Granulitgebirge sind bis 10 m mächtige Gerüstquarzgänge zu finden (q nach ba).

Der hier aufgezeigte Folgenwechsel von ba → fl → q muß besonders hervorgehoben werden. Demnach muß die Auffassung vom genetischen Wechsel von ba zu fl zu q nach der Teufe hin abgelehnt werden. Wohl aber kann der zu allen Stadien der Mineralisation mögliche Stillstand des als frontartig vorstellbaren Aufstiegs der jüngeren Lösungen, aus der die verdrängende Folge stammt, ein solches Verhältnis vortäuschen. Mit der Ausbildung der Folgengruppe bafl ist wiederum eine typische Nebengesteinsveränderung verbunden, in Form von Bleichungen unter Ton-Serizit-Bildung (KÜHNE 1967).

Nach TISCHENDORF & UNGETHÜM (1968) und gestützt auf Ergebnisse von Messungen der Libelleneinschlußtemperaturen (THOMAS 1970 mit Zitaten anderer Autoren), kann folgendes Bildungsmilieu angenommen werden: Im Bildungsablauf der Folgen ba/sf und fl wechseln die Reaktionen von schwach sauer nach basisch und die Redoxbedingungen von oxydierend nach reduzierend. Mit Ausbildung der q-Folge ist ein Umschlag zu saurer Reaktion und oxydierenden Bedingungen möglich. (Es wurden örtliche Umlagerungen von Eisenglimmer beobachtet.) Der Temperaturablauf scheint ansteigende Tendenz von 50—150 °C auf 200 bis 300 °C zu zeigen.

4.7. Quarz-Arsenide(qas)-Folgengruppe

Die Folgengruppe ist charakterisiert durch Abscheidung von Co-, Ni-Arseniden zusammen mit q und gediegen Wismut.

Diese Paragenese wurde zuletzt von OELSNER (1952, 1958) und sehr treffend von TÖLLE (1964) unter der Bezeichnung „BiCoNi-Formation" beschrieben. Bei BAUMANN (1965) findet sich die Paragenese unter „Arsenid-Abfolge der BiCoNi-Formation".

Die qas-Folgengruppe hatte früher wirtschaftliche Bedeutung wegen ihrer Bi-, Co-, Ni-Erze. Die Abgrenzung gegen andere Folgengruppen ist durch tektonische Bewegungen und infolge ihrer paragenetischen Eigenart eindeutig. Nur in wenigen Gegenden lassen sich zwei Folgen auseinanderhalten; meist liegt eine geschlossene einaktige Entwicklung vor.

Der q als weitaus vorherrschende „Gangart" wurde während der gesamten Bildungszeit der Folgengruppe ausgeschieden. Er beginnt stets mit glasigem, flintartigem cl, der bei Berührung mit Rotbaryt oder Rotem Hornstein etwas hm unverändert aufnehmen kann. Gegen Ende der Bildung geht der cl über körnigen klaren q in Keil-q über. Im allgemeinen ist dieser Keil-q farblos und klar, kann aber auch, wie in einem Falle beobachtet wurde, in Amethyst übergehen. Unter dem Einfluß radioaktiver Minerale verändert er sich zu Rauchquarz.

In der Folge cl-q/as · [Co, Ni] erfolgte zusammen mit cl die Ausscheidung von Arseniden (as), oft um Kristallskelette von gediegen Silber oder Wismut herum. Die as bilden idiomorphe oder kollomorphe Massen. Beides kann nebeneinander entstanden sein. Die als Sammelkristallisate (OELSNER 1958b) aufzufassenden as-Aggregate zeigen ausgeprägten Zonarbau, in dem die as in wechselnder Reihenfolge einander überkrusten. Gelegentlich schalten sich Zonen umlagerter u ein.

Die Folge cl–q/as · /sf setzt meist die erstere mit gleicher Paragenese kontinuierlich fort. In einigen Gangnetzen erfolgt eine sichtliche Trennung durch Einschaltung eines (umgelagerten?) fl. Je nach S-, As-

oder Sb-Überschuß werden neben as zunehmend Sulfarsenide (sf·/as), sf, seltener Sulfantimonide (sf·/sb) oder gediegen Arsen ausgeschieden. Am Schluß der Bildung kann etwas umgelagerter fl oder dicktafeliger ba gebildet werden.

Charakteristisch für die Folgengruppe qas ist ihr Auftreten als intensiver Verdränger des ba der älteren Folgen unter Gerüstquarzbildung mit eingebauten as. Fehlt q, verdrängen sie as, auch das gediegene Arsen den ba. So können Arsen und as unmittelbar auf oder in Weißbaryt der bafl-Folgengruppe sitzen.

Im Zusammenhang mit der qas-Folgengruppe sind nur geringe Nebengesteinsveränderungen als Silifizierungen und schwache Imprägnationen mit as zu beobachten.

Das Bildungsmilieu dürfte eine Tendenz von schwach saurer zu schwach basischer Reaktion und schwach oxydierenden zu schwach reduzierenden Redoxbedingungen aufgewiesen haben. Die Anfangstemperatur wird im Hinblick auf das Erscheinen gediegenen Wismuts 200—300 °C betragen und gegen Ende bei allmählichem Rückgang 150—50 °C erreicht haben.

4.8. Karbonate-Antimonide(krsb)-Folgengruppe

Am Ende der 2. Mineralisationsära erfolgt mit dieser Folgengruppe eine Massenausscheidung von kr zusammen mit sf, sf·as und sf·sb. Es können bis zu zwei Folgen unterschieden werden. Die Paragenese wurde zuletzt von OELSNER (1958) als „Silber-Sulfid-Formation" und von BAUMANN (1965) als „Ag-S-Abfolge der BiCoNi-Formation" beschrieben. Die Abgrenzung gegen die ältere Folgengruppe ist durch tektonische Bewegungen und den veränderten Chemismus signifikant. Auf vielen Gängen des untersuchten Gebietes ist die krsb-Folgengruppe eindeutig die jüngste hydrothermale Mineralabscheidung.

Die Folge kr/sf führt bis zu zwei Generationen Dolomit oder ankeritischen Dolomit (Braunspat); örtlich, besonders im Südwestvogtland, tritt zuerst Siderit, dann Ankerit zusammen mit beachtlichen Mengen cu auf. In den übrigen Gebieten kommen daneben auch zn (manchmal als Wurtzit) und gn vor. Gegen Ende der Abscheidung tritt zunehmend p und Markasit auf.

Die Folge kr/as·/sf·/sb führt vor allem Kalzit und anfangs Proustit, der, falls er in größeren Mengen auftrat, Anlaß zu reichem Silbererzbergbau gab. Danach wurden zunehmend Silber-sf·sb, Antimonit, gediegen Silber und p ausgeschieden. Ganz vereinzelt findet sich auch Zinnober. Im Nordostvogtland kommt am Ende der Abscheidung nochmals (umgelagerter?) fl vor.

Nebengesteinsveränderungen im Gefolge der krsb-Folgengruppe sind vor allem Bleichungen, gelegentlich auch Karbonatisierungen. Das Bildungsmilieu wird vermutlich durch schwach basische Reaktionen, zunehmend reduzierende Redoxbedingungen und einen Temperaturrückgang von anfangs 250—150 °C auf ≦ 100 °C bestimmt worden sein.

4.9. Polygene Mineralneubildungen (PMN)

Unter dieser Bezeichnung sollen die jüngsten, bisher nur vereinzelt festgestellten hydrothermalen Mineralabscheidungen gesehen werden. Es handelt sich um fl-, q- und ba-Abscheidungen geringeren Umfangs. Die in Nordböhmen festgestellte, sehr junge Blei-Zink-Mineralisation konnte im untersuchten Gebiet bisher nicht nachgewiesen werden. Die von BAUMANN (1965) als „Fe, Mn-Formation" angeführten Eisen- und Manganabscheidungen, manchmal mit q-Kristallrasen, werden vom Verf. nach vorliegendem umfangreichem Beobachtungsmaterial nicht als endogen-hydrothermale Bildungen angesehen, sondern als Oxydationszonenprodukte („Eiserner Hut"). Diese Bildungen sind namentlich auf den mehrere Zehner Kilometer langen NW-Störungen des Erzgebirges weit verbreitet und gaben örtlich zu Eisenerzbergbau Anlaß.

Zusammenfassung

In dieser vorläufigen Mitteilung werden die wichtigsten Ergebnisse einer neuen Paragenesenbearbeitung der hydrothermalen Mineralisationen des Erzgebirges, des Granulitgebirges und des Vogtlandes vorgelegt. Bei der Neubearbeitung wurden alle an der Zusammensetzung der Mineralgänge beteiligten Minerale als gleichwertig behandelt. Eine eingehende Analyse erfuhren die Verdrängungserscheinungen innerhalb der Gangbildung. Es wurde angestrebt, die gesamte natürliche Altersreihenfolge der hydrothermalen Mineralabscheidung zu erfassen und darzustellen. Dabei ergeben sich gegenüber der Darstellung durch BAUMANN gewisse Ergänzungen.

Die Paragenesenbearbeitung erwies sich insbesondere für die Prognose, Suche und Erkundung von Fluorit und Baryt als notwendig. Das hier zur Diskussion vorgelegte Mineralisationsschema ist ausbaufähig. Mit der erarbeiteten Benennung und Einteilung der Mineralisationen soll die Verschiedenheit der bisher in den regionalgeologischen Einheiten des Südteils der DDR für die Mineralisationen üblichen Nomenklaturen überbrückt werden.

Die Mineralzusammensetzung, ihre Wechselwirkungen und die gegenseitigen relativen Altersbeziehungen der Folgen und Folgengruppen werden in ihren Grundzügen beschrieben. Als jüngste Mineralisation treten vereinzelt geringfügige polygene Mineralneubildungen auf.

Резюме

В этом предварительном сообщении даются основные результаты новой обработки парагенезисов гидротермальных минерализаций Рудных гор, гранулитовых гор и Фогтланда. При новой обработке все слагающие минеральные жилы минералы были рассмотрены как равнозначные. Были подробно проанализированы проявления замещения внутри жильных образований. Преследовалась цель охватить и изобразить всю природную возрастную последовательность гидротермальных минеральных выделений. При этом получаются определенные дополнения по сравнению с изображением Бауманна.

Обработка парагенезисов оказалась необходимой в особенности для прогноза, поиска и разведки флюорита и барита. Поставленная здесь на обсуждение схема минерализации может быть расширена. С помощью разработанного обозначения и подразделения минерализации должны быть сглажены различия в номенклатурах для минерализации, обычно примененных до сих пор в регионально-геологических единицах южной части ГДР.

Описывается состав минералов, их взаимодействие и относительные связи возраста серий и групп серий. В одиночных случаях проявляются небольшие полигенные новообразования минералов.

Summary

This preliminary communication presents the most important results obtained by a reconsideration of the paragenesis of hydrothermal mineralizations of the Erzgebirge, Granulite Mountains, and Vogtland, dealing in an equivalent way with all minerals participating in the composition of the mineral veins. Metasomatic processes within the formation of veins were analysed in detail. An attempt was made to determine and describe the entire natural succession of age of the hydrothermal mineral separation, with some additional results obtained as compared to the description given by BAUMANN.

A study of the parageneses was particularly necessary with a view to prognosticating, searching, and exploring for fluorite and barite. The scheme of mineralization presented for discussion in this article is capable of being extended. The denomination and division developed for the mineralizations are intended to bridge the diversity of nomenclatures so far usual for mineralizations in the regional-geological units of the southern part of the G.D.R.

The mineral composition, their reciprocal effects, and the mutual relative age relationships of the suites and groups of suites are described in view of their principal features. As youngest mineralizations minor polygenic neomineralizations sporadically occur.

Literatur

BAUMANN, L.: Tektonik und Genesis der Erzlagerstätten von Freiberg (Zentralteil). – Freiberger Forsch.-H., C 46, Berlin 1958.
– Die Erzlagerstätten der Freiberger Randgebiete. – Freiberger Forsch.-H., C 188, Leipzig 1965.
– Zur Frage der varistischen und postvaristischen Mineralisation im Sächsischen Erzgebirge. – Freiberger Forsch.-H., C 209, S. 15–38, Leizpzig 1967.
– Die Mineralparagenesen des Erzgebirges – Charakteristik und Genese. – Freiberger Forsch.-H., C 230, S. 217–233, Leipzig 1968.
CHRT, J., H. BOLDUAN u. a.: Die postmagmatische Mineralisation des Westteils der Böhmischen Masse. – Sborn. geol., ved., LG 8, 113 bis 191, Praha 1966.
– Räumliche und zeitliche Beziehungen der endogenen Mineralisation der Böhmischen Masse zu Magmatismus und Bruchtektonik. – Z. angew. Geol., **14**, 7, S. 362–376, Berlin 1968.
DYMKOW, JU. M.: Uranmineralisation des Erzgebirges. – Atomsidat, Moskau 1960.
HARLASS, E., & H. SCHÜTZEL: Zur paragenetischen Stellung der Uranpechblende in den hydrothermalen Lagerstätten des westlichen Erzgebirges. – Z. angew. Geol., **11**, 11, S. 569–582, Berlin 1965.
KÜHNE, R.: Nebengesteinsveränderungen an einigen sächsischen und thüringischen polymetallischen und Baryt-Fluorit-Lagerstätten. – Freiberger Forsch.-H., C 209, S. 121–123, Leipzig 1967.
KUSCHKA, E.: Zur Kenntnis mittelerzgebirgischer Störungssysteme und der daran gebundenen Paragenesen der Eisen–Baryt-Formation (eba). – Jb. Geol., **2**, S. 635–650, Berlin 1968.
– Feststellung der Mineralabscheidungsfolge hydrothermaler Gänge an Haldenproben und Lesesteinen. – Z. Fundgrube, 3/4, Berlin 1970.
LÖTZSCH, F.: Zur metallogenetischen Analyse des Südens der DDR. – Z. angew. Geol., **14**, 7, S. 338–355, Berlin 1968.
MÜLLER, H.: Die Erzgänge des Freiberger Bergreviers. – Leipzig 1901.
NAUMOW, G. V., & L. F. MIRONOWA: Das Verhalten der Kohlensäure in hydrothermalen Lösungen bei der Bildung der Quarz-Nasturan-Kalzit-Gänge des Erzgebirges. – Z. angew. Geol., **15**, 5, S. 240–241, Berlin 1969.
OELSNER, O. W.: Die Abhängigkeit der Paragenesen erzgebirgischer Lagerstättenbezirke vom Intrusionsalter der zugehörigen Granite. – Freiberger Forsch.-H., 8, S. 24–34, Freiberg 1952 [1952a].
– Die Lagerstätten des Freiberger Bezirks. – Bergbautechnik, 2. Jg., H. 12, S. 555–561, Freiberg 1952 [1952b].
– Die erzgebirgischen Granite, ihre Vererzung und die Stellung der BiCoNi-Formation innerhalb dieser Vererzung. – Z. Geol., **7**, 3/6, S. 682–701, Berlin 1958.
PAECH, W.: Zur Analyse des Begriffs der geologischen Formation. – Z. angew. Geol., **17**, 5, 195–201, Berlin 1971.
RÖSLER, H. J., & M. WOLF: Paragenesenbegriff – Diskussion um seine Definition in der Gegenwart. – Freiberger Forsch.-H., C 266, Leipzig 1969.
SATTRAN, V., & C. ČADEK: Zur räumlichen Verbreitung varistischer, saxonischer und noch jüngerer Mineralisationen im Böhmischen Massiv. – Freiberger Forsch.-H., C 209, Berlin 1967.
SCHULZ, H.: Lagerstättengenetische Untersuchungen an den Baryt–Fluorit-Vorkommen von Niederschlag im Erzgebirge. – Bergakademie, 2, S. 77–89, Freiberg 1961.
TISCHENDORF, G.: Paragenetische und tektonische Untersuchungen auf Gängen der fluorbarytischen Bleierzformation Freiberg, insbesondere am Halsbrücker Spat. – Freiberger Forsch.-H., C 18, Berlin 1955.
TISCHENDORF, G., & H. UNGETHÜM: Einige Überlegungen zur Frage der Bildungsbedingungen erzgebirgischer Mineralparagenesen. – Freiberger Forsch.-H., C 230, S. 127–137, Leipzig 1968.
TÖLLE, H.: Chemismus und genetische Stellung des Skutterudits in der quarzig-arsenidischen Abfolge der BiCoNi-Formation des Schneeberger Lagerstättenreviers (Sächsisches Erzgebirge). – Freiberger Forsch.-H., C 171, Leipzig 1964.
WERNER, A. G.: Neue Theorie der Entstehung der Gänge. – Freiberg 1791.

Der neue Fünfjahrplan der UdSSR – ein Programm grandioser Arbeiten

G. A. MIRLIN, UdSSR

Mit großer innerer Anteilnahme studierten die Sowjetmenschen die Direktiven des XXIV. Parteitages der KPdSU für den neunten Fünfjahrplan zur Entwicklung der Volkswirtschaft der UdSSR für die Jahre 1971 bis 1975. Dieses Dokument beinhaltet das grandiose Programm einer neuen Etappe in der Entwicklung der Ökonomie des Sowjetlandes bei der Realisierung der programmatischen Erklärungen der KPdSU zur Schaffung der materiell-technischen Basis des Kommunismus. Die Inangriffnahme des neuen Fünfjahrplans stellt einen weiteren großen Schritt in der Sicherung eines schnellen Wachstums der ökonomischen Stärke der UdSSR dar und ermöglicht unserem Lande, noch größere Höhen zu erreichen.

Die vom XXIV. Parteitag der KPdSU angenommene Direktive zeichnet sich durch eine allseitige und tiefgründige Fundamentierung aller dargelegten Probleme aus. In diesem Dokument sind die Aufgaben des Fünfjahrplans, ausgehend von der Analyse der Erfordernisse der sozialistischen Gesellschaft, von der objektiven Einschätzung der Produktionsressourcen, formuliert, wurden die Wege der effektivsten Entwicklung der Volkswirtschaft und aller ihrer Zweige bestimmt.

Die Erfüllung des neuen Fünfjahrplans ermöglicht, die Ökonomie unseres Landes auf eine höhere Stufe zu heben, und stellt eine wichtige Etappe in der weiteren Entwicklung der sowjetischen Gesellschaft auf dem Wege zum Kommunismus dar. Wie in den vom XXIV. Parteitag der KPdSU beschlossenen Direktiven festgestellt wird, besteht die Hauptaufgabe des neunten Fünfjahrplans darin, eine bedeutende Hebung des materiellen und kulturellen Lebensniveaus des Volkes auf der Grundlage eines hohen Entwicklungstempos der sozialistischen Produktion, der Erhöhung ihrer Effektivität, des wissenschaftlich-technischen Fortschritts und der Beschleunigung der Zunahme der Arbeitsproduktivität zu sichern.

Zur Verwirklichung der Hauptaufgabe des Fünfjahrplans ist es unbedingt erforderlich, hohe Zuwachsraten und eine proportionale Entwicklung der gesellschaftlichen Produktion zu erreichen, die Effektivität aller Volkswirtschaftszweige zu erhöhen, den wissenschaftlich-technischen Fortschritt über die allseitige Entwicklung der Forschung auf den perspektivischsten Wissenschaftsgebieten und die Verkürzung der Realisierungszeiten wissenschaftlicher Erkenntnisse in der Produktion zu beschleunigen, die Vervollkommnung der Leitung, Planung und ökonomischen Stimulierung der Produktion weiterzuführen, die wissenschaftliche Arbeitsorganisation einzuführen.

Die wichtigste Aufgabe der kommenden Jahre ist, maximal die Errungenschaften der fortgeschrittensten

Aus: „Raswedka i ochrana nedr", H. 4, 1–7 (1971).
Übers.: H. SCHNEIDER, Berlin.

Wissenschaft und Technik unseres Landes und der Welt zu nutzen. Es müssen sich allseitig die Grundlagen- und die angewandte Forschung entwickeln, ihre Ergebnisse jedoch müssen schneller in die Produktion übergeführt werden.

Gleichzeitig mit der weiteren Bearbeitung von Problemen der theoretischen und angewandten Mathematik und Kybernetik, der elektronischen Datenverarbeitung, mit der Entwicklung von Forschungen der Atomphysik und Quantenelektronik, der Lösung von Problemen der Kernfussion, der Durchführung neuer kosmischer Untersuchungen, der weiteren Entwicklung der chemischen Wissenschaften und den Forschungen auf dem Gebiet der Biologie sehen die Direktiven die Durchführung von Forschungen auf dem Gebiet der Geologie, der Geophysik, der Geochemie mit dem Ziel des Erkennens von Gesetzmäßigkeiten der Verteilung von nutzbaren Rohstoffen, der Erhöhung der Effektivität ihrer Such-, Gewinnungs- und Anreicherungsverfahren, aber auch die Entwicklung der wissenschaftlichen Arbeiten der Ozeanologie zwecks Bearbeitung von Problemen der breiten und rationellen Nutzung natürlicher Ressourcen einschließlich der Ressourcen der Meere und Ozeane vor.

Die Direktiven des Parteitags verpflichten eindeutig, die Effektivität der Arbeit wissenschaftlicher Einrichtungen zu erhöhen, die Konzentration der wissenschaftlichen Kräfte, der materiellen und finanziellen Ressourcen in erster Linie in den führenden Zweigen der Wissenschaft und die Lösung wichtigster wissenschaftlich-technischer Probleme zu sichern, die Verbindung zwischen Wissenschaft und Produktion zu festigen.

Große und komplizierte Aufgaben wurden in den Direktiven des XXIV. Parteitages der KPdSU der Industrie, besonders deren Zweigen Brennstoff, Energie und Bergbau, gestellt.

Auf dem Gebiet der Elektroenergie sind der Bau mächtiger Wärmekraftwerke, die Errichtung komplexer Wasserkraftwerke und eine bedeutende Entwicklung der Atomenergie vorgesehen. Die gesamte Erzeugung von Elektroenergie soll 1975 1000 Mrd. kWh übersteigen gegenüber 740 Mrd. kWh im Jahre 1970.

Durch die Direktiven wird die beschleunigte Entwicklung der Erdöl- und Erdgasindustrie bestimmt, die auf der Nutzung der durch die sowjetischen Geologen im vergangenen Fünfjahrplan entdeckten riesigen Erdöl- und Erdgasvorräte basiert. Die Förderung von Erdöl in der UdSSR soll auf 480—500 Mill. t im Jahre 1975 gegenüber 349 Mill. t im Jahre 1970 und die von Erdgas von 198 Mrd. m^3 auf 300—320 Mrd. m^3 ansteigen. Der Anteil von Erdöl und Erdgas an der gesamten Brennstoffbilanz soll 1975 nicht weniger als 67% betragen.

Es sind der beschleunigte Beginn des Abbaus neuer hochproduktiver Erdöl- und Erdgaslagerstätten sowie die Entwicklung der Erdöl- und Erdgasförderung in alten eingerichteten Gebieten vorgesehen. Die Arbeiten zur Schaffung eines einheitlichen Gasversorgungssystems des Landes einschließlich der Sicherung effektivster Gaszuführung mittels magistraler Gasleitungen aus neuen Gasfördergebieten zur Deckung des Bedarfs des europäischen Teils des Landes an Brennstoffen werden fortgesetzt. Insgesamt ist vorgesehen, im Fünfjahrplanzeitraum nicht weniger als 30000 km magistraler Gasleitungen und 27000 km Pipelines für Erdölprodukte zu bauen. In den Jahren 1971—1975 soll ein mächtiges System von Pipelines für den Transport von Erdöl aus Westsibirien in den europäischen Teil und die östlichen Gebiete des Landes errichtet werden.

Im Zusammenhang mit der großen Bedeutung des Erkundungs- und Produktionsbohrens für die Entwicklung der Erdöl- und Erdgasindustrie, dessen Investitionen Milliarden von Rubel betragen, wird in den Direktiven die Aufmerksamkeit auf die Notwendigkeit einer bedeutenden Steigerung der technisch-ökonomischen Kennziffern der Bohrarbeiten gelenkt.

Die Kohleförderung soll auf 685—695 Mill. t gegenüber 624 Mill. t 1970 gesteigert werden. Dabei soll besonders schnell die Förderung aus Tagebauen erhöht werden, deren Anteil an der gesamten Förderung von Kohle bis 1975 um 30% steigen wird. Die Torfgewinnung soll im Fünfjahrplanzeitraum um 35—38% erhöht werden.

Große Aufgaben stehen vor der Schwarz- und Buntmetallindustrie. Die Erzeugung von Stahl soll sich von 116 Mill. t 1970 auf 142—150 Mill. t 1975 erhöhen und an Walzstahl von 80,6 auf 101—105 Mill. t. Besondere Aufmerksamkeit wird auf die Erhöhung der Qualität der Erzeugnisse der Metallurgie gelenkt, so auf die Erweiterung der Herstellung von Metallwaren mit Korrosionsschutz und thermischer Behandlung. Es werden neue Kapazitäten für die Herstellung von Rohren, darunter von hochwiderstandsfähigen Bohr- und Futterrohren, geschaffen.

In der Buntmetallurgie ist die Erhöhung der Produktion auf das 1,4fache, darunter von Aluminium um 50—60%, von Kupfer um 35—40%, vorgesehen. Bedeutend erweitert werden soll die Erzeugung von Metallegierungen. Vergrößern soll sich ebenfalls die Gewinnung von natürlichen Diamanten. Eine große Bedeutung wird der Beschleunigung der Entwicklung der Rohstoffbasis für die Buntmetallurgie zugewiesen, insbesondere in der Gewinnung von Tonerde, Blei, Wolfram, Molybdän, Antimon, Zinn, Quecksilber. Gleichzeitig wird die Aufgabe gestellt, die Gewinnung der Metalle aus den Erzen bedeutend zu erhöhen und die komplexe Rohstoffnutzung zu verbessern. Es ist die weitere Entwicklung der Tagebauförderung von Erzen vorgesehen.

Zur Intensivierung der Landwirtschaft ist die Steigerung der Produktion von Mineraldünger von 55,4 Mill. t 1970 auf 90 Mill. t 1975 erforderlich. Für den Bedarf der Landwirtschaft müssen die Produktion von Düngekalk und keramischen Drainagerohren erweitert, die Realisierung großer Wasserbauvorhaben vollzogen werden.

Die Produktion der Baumaterialienindustrie wächst im Fünfjahrplanzeitraum um das 1,4fache. Darunter soll die von Zement von 95 Mill. t 1970 auf 122 bis 127 Mill. t 1975 erhöht werden. Vorgesehen ist auch die Steigerung der Ziegelproduktion und anderer örtlicher Baustoffe.

Auf dem Gebiet der Standortverteilung der Produktivkräfte sind durch die Direktiven des XXIV. Parteitages der KPdSU zur Verbesserung der territorialen Proportionen der Volkswirtschaft als eine Hauptaufgabe die weitere beschleunigte Nutzung natürlicher Ressourcen und die Erweiterung des ökonomischen Potentials der östlichen Gebiete des Landes vorgesehen. Unter Berücksichtigung der vorhandenen billigen Energieressourcen in Sibirien, Kasachstan und Mittelasien wird die Aufgabe gestellt, neue Industrieobjekte mit hohem Energiebedarf vorwiegend in diesen Gebieten zu errichten.

In den Direktiven sind auch die Aufgaben für die ökonomische Entwicklung der fünfzehn Sowjetrepubliken genannt. Hauptaufgabe dabei ist die industrielle Nutzung der auf ihren Territorien vorhandenen oder bereits erkundeten mineralischen Rohstoffe.

In der RSFSR werden mit beschleunigtem Tempo die Erdgas-, Erdöl- und chemische Industrie wachsen. 1975 erreicht die Erdölförderung der RSFSR 400 Mill. t, die von Erdgas 141 Mrd. m^3, von Kohle 373 Mill. t, von Mineraldünger 43 Mill. t, von Zement 78 Mill. t.

Im europäischen Teil der RSFSR und im Ural sollen die Erkundung und Nutzung neuer Erdöllagerstätten und in den Gebieten des europäischen Nordens von neuen Erdgasvorkommen verstärkt werden. Gleichzeitig wird dem Orenburger Gebiet die Aufgabe gestellt, ein neuer großer Rayon der Erdgasförderung und -verarbeitung zu werden. Dieses Gebiet erhält die Aufgabe der schnellen Erkundung und des Abbaus neuer Erdölvorkommen. Mit beschleunigtem Tempo wird die Errichtung des Bauxitbergwerks von Sewero-Onezk, der Kalikombinate von Beresnikowsk und von Solikamsk durchgeführt werden.

Die Schaffung eines neuen Industriekomplexes von großer Bedeutung für das ganze Land ist auf der Basis der Eisenerzressourcen der Kursker Magnetanomalie im kommenden Planjahrfünft ebenfalls vorgesehen. Die Erzgewinnung in diesem Gebiet soll auf etwa 40 Mill. t gesteigert werden.

Gigantische Aufgaben hinsichtlich ihrer Größenordnung sehen die Direktiven für die industrielle Nutzung der Naturreichtümer Sibiriens vor. In diesen Gebieten soll die Steigerung der mit hohem Energiebedarf verbundenen Produktion der Schwarz- und Buntmetallurgie, der chemischen, Brennstoff- und anderer Industriezweige, der Elektroenergie, der Bauinstustrie und der Baumaterialienindustrie in einem hohen Tempo gesichert werden.

In Westsibirien wird im Verlaufe des Fünfjahrplans die größte Basis der Erdölindustrie des Landes geschaffen. Die Erdölförderung wird hier 1975 nicht weniger als 120—125 Mill. t betragen. Gleichzeitig ist die Beschleunigung des Abbaus der riesigen Gaslagerstätten im Norden des Tjumener Gebietes vorgesehen. Zur schnellen industriellen Erschließung der Erdöllagerstätten Westsibiriens werden im Verlaufe des Fünfjahrplans die Errichtung der Eisenbahnlinie Tjumen—Tobolsk—Surgut beendet sowie der Bau von Flußhäfen im Gebiet dieser Lagerstätten verwirklicht. Gleichzeitig werden die Gasleitungen zum Ural und in den europäischen Teil der UdSSR sowie die Erdölpipelines zu den Erdölverarbeitungswerken Sibiriens, Kasachstans und des europäischen Teiles der UdSSR gebaut.

Das Gesamtfördervolumen an Kohle im Kusbass soll auf 135 Mill. t 1975 gesteigert werden. Zu beginnen ist die Erschließung der Kokskohlenlagerstätte von Erunakow und zu beenden der Bau der Schächte Paspadskoj Nr. 1—2, Birjulinskoj Nr. 2, Nowo-Kalbinskogo Rasres. Gleichzeitig sollen die Förderung und Nutzung der Kohlen aus dem Kansko–Azinskij-Becken erweitert werden.

Im laufenden Fünfjahrplan werden in Sibirien der Aufbau des Westsibirischen Metallurgischen Werkes fortgesetzt, der Aufbau der Aluminiumwerke von Krasnojarsk und Bratsk beendet, die Gewinnung von Kupfer und Nickel im Norilsker Bergbau-Metallurgie-Kombinat bedeutend erhöht und das Bergbau-Anreicherungs-Molybdän-Kombinat von Sureken im Gebiet von Zita errichtet.

In den Direktiven des Parteitages sind Arbeiten zur beschleunigten Entwicklung der Produktivkräfte des Fernen Ostens vorgesehen, darunter die Steigerung der Kohleförderung, die Gewinnung von Zinn, Wolfram, Quecksilber, Gold und Diamanten.

In der Ukrainischen SSR ist die Erhöhung der Kohleförderung auf etwa 215 Mill. t vorgesehen, wobei die Aufgabe gestellt wurde, im wesentlichen die Rekonstruktion der vorhandenen Schächte zu beenden und den Aufbau neuer Schächte im Donezbecken im laufenden Fünfjahrplan zu beschleunigen, darunter der Großbetriebe für die Förderung von Anthrazit und Kokskohlen. Gleichzeitig wird auf die Notwendigkeit der beschleunigten Erkundung und Nutzung neuer Erdöl- und Erdgaslagerstätten in dieser Sowjetrepublik verwiesen. Die Erzeugung von Walzgut aus Schwarzmetallen in den Betrieben der Ukraine soll bis 1975 auf 37—38 Mill. t, von Mineraldünger auf 16,6 Mill. t, die Zementerzeugung auf etwa 22 Mill. t erhöht werden. Zur Entwicklung der Landwirtschaft der Ukraine werden große wasserwirtschaftliche Vorhaben realisiert. Es wurde ebenfalls die Aufgabe gestellt, die Wasserversorgung der dortigen großen Industriezentren zu verbessern.

In der Bjelorussischen SSR sollen erhöht werden: die Erdölförderung um das Doppelte, die Erzeugung von Torfbriketts und Halbbriketts aus Torf um das 1,9fache, von Mineraldünger um das 1,7fache. Im neuen Fünfjahrplan beginnt der Aufbau des vierten Kalikombinats von Soligorsk.

Eine bedeutende Entwicklung der Elektroenergie, der Buntmetallindustrie, der chemischen und Erdgasindustrie ist in der Usbekischen SSR vorgesehen. In den Jahren 1971—1975 sollen die weitere Steigerung des Tempos der goldgewinnenden Industrie gesichert, die Kapazitäten zur Gewinnung von Zink und Kupfer im Bergbau-Metallurgie-Kombinat von Almalyk vergrößert werden. Die Erzeugung von Mineraldünger erhöht sich in dieser Republik um das 1,6fache. Es sind die Weiterführung der Arbeiten zur Beseitigung der Versalzung und Versumpfung von Berieselungsgebieten und die Verbesserung der Wasserversorgung wasserarmer Gebiete vorgesehen.

In der Kasachischen SSR erhöht sich das gesamte Produktionsvolumen der Industrie um 57—60%. Eine weitere Entwicklung erfahren dabei die Elektroenergetik, die Schwarz- und Buntmetallurgie, die Brennstoffindustrie, die chemische Industrie und andere Industriezweige. Durch die Direktiven sind das Anwachsen der Erzeugung von Raffinadekupfer in den Betrieben der Republik um das 1,7fache, von Mineraldünger um das 2,4fache, die Steigerung der Kohleförderung auf etwa 91 Mill. t 1975, der Erdölförderung auf 30 Mill. t, der Zementerzeugung auf 7,3 Mill. t vorgesehen. Die Kapazität der Schächte im Ekibastuskij-Becken wird bis zum Ende des Fünfjahrplans auf 56 Mill. t erhöht. Eine Fabrik zur Anreicherung von Kokskohlen wird in Karaganda errichtet werden. Die erste Ausbaustufe der Erdölverarbeitungswerke in Nord- und Südkasachstan wird abgeschlossen und das Erdgasverarbeitungswerk auf Mangyschlak errichtet werden.

Hohe Aufgaben wurden ferner zur schnellen Entwicklung der Erzbasis für die Kupfer- und Blei-Zink-Industrie Kasachstans, für die Erweiterung des Bergbau- und Metallurgiekombinats von Dsheskasgan, für die Erhöhung der Produktionskapazität für Tonerde im Aluminiumwerk von Pawlodar, für die Beendigung des Aufbaus des metallurgischen Kombinats von Karaganda sowie zur schnelleren Errichtung von Anreicherungskomplexen für letztere gestellt. Ebenfalls sind eine beträchtliche Erweiterung der Kapazität für die Gewinnung von Phosphoriten im Becken von Karatau, der Abschluß des Aufbaus des Phosphorwerks von Tschimkent und des Dshambuler Werkes für Superphosphat, die Inbetriebnahme von Kapazitäten in zwei neuen Phosphorwerken in Südkasachstan und für die Zementproduktion im Werk von Nowo-Karaganda, der Beginn des Aufbaus eines Glaswerks und von zwei Porzellan-Fayence-Werken vorgesehen. Für den Bedarf der Landwirtschaft und Tierzucht sollen große Vorhaben zur Erhöhung der Wasserressourcen in dieser Republik verwirklicht werden, darunter der Aufbau des Bewässerungskanalsystems in der Kysylkum. Die Bewässerungsarbeiten am Unterlauf des Syrdarja sollen beendet und die Bewässerung von nicht weniger als 32 Mill. ha Weidefläche erreicht werden.

In der Grusinischen SSR sind die Erhöhung der Erzeugung von Elektroenergie um das 1,7fache, von Mineraldünger um das 2,3fache, der Abschluß der Bauarbeiten am Kupferanreicherungskombinat von Madneul sowie der Aufbau eines Porzellan-Fayence-Werkes vorgesehen.

In der Aserbaidshanischen SSR wird besondere Aufmerksamkeit auf die Erschließung von Offshore-Erdöllagerstätten und auf die Steigerung des Entwicklungstempos der Baumaterialienproduktion gelenkt. Es sind die Erhöhung der Produktion von Mineraldünger um das 1,6fache und der Beginn der Bauarbeiten am Sodawerk in der Nachitschewanischen ASSR vorgesehen. Es wurde die Aufgabe zur Verbesserung der Meliorationsarbeiten in der Kura-Araksa-Niederung und der Verbesserung der Wasserversorgung anderer Landwirtschaftsgebiete der Republik gestellt.

In der Litauischen SSR sind die Steigerung der Mineraldüngerproduktion um das 1,7fache, die Produktionsaufnahme der ersten Aufbaustufe des Erdölverarbeitungswerks und die Kapazitätserweiterung des Zementwerks von Akmajan vorgesehen.

In der Estnischen SSR sind die Erhöhung der Schiefergewinnung auf 26 Mill. t und die beschleunigte Errichtung von Anlagen zur Schiefergewinnung für die Sicherung von Brennstoff für die pribaltischen und estnischen Kraftwerke vorgesehen.

In der Lettischen SSR wird die Gasleitung nach Riga in Betrieb genommen. Des weiteren sind bedeutende Meliorationsarbeiten vorgesehen.

In der Moldauischen SSR, die eine der führenden Republiken bei der Erzeugung von Obst und Gemüse ist, sind Aufgaben zur Melioration und Bewässerung, zur schnelleren Errichtung von Anlagen zur Primärverarbeitung und Lagerung landwirtschaftlicher Erzeugnisse und die Voraussetzungen für eine schnelle Steigerung der Erzeugung von Elektroenergie vorgesehen.

In der Kirgisischen SSR werden die Elektroenergetik, die Buntmetallurgie und andere Industriezweige entwickelt sowie Bewässerungssysteme rekonstruiert, ihre Wasserversorgung verbessert.

In der Tadshikischen SSR werden mit großem Tempo die Elektroenergetik und die Buntmetallurgie entwickelt. Vorgesehen sind die Produktionsaufnahme von Kapazitäten im dortigen Aluminiumwerk und im Elektrochemischen Kombinat und die Inbetriebnahme von zusätzlichen Kapazitäten im Bergbau-Metallurgie-Kombinat von Ansob. Geplant ist die Errichtung einer magistralen Gasleitung nach Duschanbe. Begonnen wird der Aufbau eines Porzellan-Fayence-Werkes. Die Erzeugung von Mineraldünger soll um das 1,5fache gesteigert werden. Ferner sind Bewässerungsarbeiten vorgesehen.

In der Armenischen SSR soll die weitere Entwicklung der Buntmetallurgie gesichert werden. Dabei vergrößert sich die Kupfergewinnung um das 1,3fache. Im gegenwärtigen Fünfjahrplanzeitraum werden das Golderzkombinat von Sod und Kapazitäten zur Gewinnung von Tonerde und chemischen Produkten im Bergbau-Chemie-Kombinat von Rusdan in Betrieb genommen. Die Erzeugung von Zement soll sich in dieser Republik um das 2,6fache erhöhen.

In der Turkmenischen SSR sind unbedingt ein bedeutender Zuwachs der Erdgasförderung und ein hohes Tempo der Entwicklung der Erdöl- und chemischen Industrie zu gewährleisten. Die Förderung von Erdöl in der Republik soll sich um das 1,5fache vergrößern. Vorgesehen ist der Bau von magistralen Gasleitungen für den Transport von Erdgas aus den westlichen und östlichen Teilen der Republik in den europäischen Teil der UdSSR. Es wurde die Aufgabe gestellt, die komplexe Nutzung der Mineralrohstoffe des Kara-Bogas-Gol zu verbessern. Vorgesehen ist ferner die Realisierung großer Vorhaben an Meliorations- und Bewässerungsarbeiten für die Weideflächen.

* * *

Die in den Direktiven des XXIV. Parteitages der KPdSU vorgesehenen Aufgaben zur schnelleren Entwicklung der verschiedenen Zweige des Bergbaus und die dabei für 1975 fixierten hohen Förderziele für Erdöl–Erdgas, für Koks- und Brandkohlen, Eisenerz, für die Stahlerzeugung, die Gewinnung von Aluminium, Kupfer, Nickel und anderen Bunt-, Legierungs- und seltenen Metallen, Diamanten, Mineraldünger, Baumaterialien usw. haben ihre reale Basis in den im ganzen Sowjetland entdeckten und erkundeten riesigen Vorräten an mineralischen Rohstoffen aller Art.

Beim Studium der Direktiven empfindet jeder Geologe ein Gefühl des Stolzes, weil er sieht, daß die Ergebnisse der Arbeit des viele Tausende umfassenden Kollektivs der sowjetischen Geologen für die weitere Entwicklung der ökonomischen Stärke des Landes, zum Wohle des ganzen sowjetischen Volkes genutzt werden. Dank der heldenhaften Arbeit der Geologen, Geophysiker, der Erforscher der Erde, der Bohrkumpel, aller anderen Werktätigen des Industriezweiges Geologie wurde die Sowjetunion zu einem der reichsten Staaten der Welt hinsichtlich der entdeckten Vorräte an nutzbaren mineralischen Rohstoffen und verfügt praktisch über alle Arten mineralischer Rohstoffe, die für die Volkswirtschaft erforderlich sind.

Im Unterschied zu den USA und vielen anderen kapitalistischen Ländern entwickelt sich die Wirtschaft der Sowjetunion auf einer eigenen Rohstoffbasis und hängt nicht vom erforderlichen Import mineralischer Rohstoffe aus anderen Ländern ab. Die nachgewiesenen und vermuteten Vorräte an mineralischen Reichtümern im Schoße des Landes sichern nicht nur die laufenden Bedürfnisse der Volkswirtschaft, sondern ermöglichen auch eine langfristige Projektierung der Entwicklung der extraktiven Zweige der Industrie.

Im Zusammenhang damit stehen vor dem geologischen Dienst des Landes in Verbindung mit der vorgesehenen intensiven Entwicklung der Volkswirtschaft der UdSSR in den Jahren 1971—1975 und einem noch schnelleren Wachsen der Wirtschaft in den darauffolgenden Jahren schon heute neue und sehr komplizierte Aufgaben zum rechtzeitigen Aufzeigen neuer zusätzlicher Mineralressourcen. Wie groß auch immer die gegenwärtig erkundeten Vorräte an Rohstoffen in der UdSSR seien, sie sind aber trotzdem nicht ausreichend für die zu erwartende Zunahme der Förderung und Gewinnung in den Jahren nach 1975 und den folgenden Jahrzehnten.

Die Schaffung der materiell-technischen Basis der zukünftigen Wirtschaft setzt nicht nur die Einbeziehung der bereits bekannten und erkundeten Lagerstätten in die industrielle Nutzung voraus, sondern verlangt die Entdeckung und schnellste Vorbereitung neuer großer mineralischer Rohstoffressourcen.

Die langjährigen Erfahrungen der Entwicklung der Wirtschaft unseres Landes zeigen, daß die geologischen Erkundungsarbeiten mit einem beträchtlichen Vorlauf für die Entwicklung der entsprechenden Bergbauzweige durchgeführt werden müssen, um diese rechtzeitig mit erkundeten Vorräten zu versehen und der Industrie die Möglichkeit der Auswahl der Rohstoffbasen mit den besten ökonomischen Bedingungen und unter Berücksichtigung einer rationellen Anordnung neuer Bergbaubetriebe zu geben. Infolge der ungleichmäßigen territorialen Standortverteilung mineralischer Rohstoffbasen (was natürlich in bedeutendem Maße von den natürlichen geologischen Faktoren abhängig ist) beträgt der Anteil der Bergbauprodukte und -rohstoffe am gesamten Transportumlauf des Landes 63—65%. In Verbindung mit dem Defizit an Brennstoffressourcen im europäischen Teil des Landes werden in diese Gebiete täglich mehrere zehn Mill. t Kohle und andere brennbare Rohstoffe transportiert.

Zur Verringerung weiter Transporte und zur Verbesserung der territorialen Standortverteilung der Industrie müssen die Planungs- und Wirtschaftsorgane streng die bekannten Hinweise W. I. LENINs über die Notwendigkeit der Annäherung der Industrie an die Rohstoffquellen anwenden. Die geologischen Organisationen aber sind verpflichtet, Maßnahmen zur Beschleunigung der Suche neuer Lagerstätten in Gebieten, die günstig und ökonomisch für die Entwicklung der entsprechenden Industriezweige sind, zu treffen, wobei selbstverständlich die geologischen Voraussetzungen für die Entdeckung der geforderten Rohstoffe gegeben sein müssen.

Eine besonders vorrangige Aufgabe ist die Entdeckung zusätzlicher Vorräte mineralischer Vorräte in Gebieten mit vorhandenen Betrieben zur maximalen Nutzung bereits errichteter Produktionskapazitäten.

Gegenwärtig geht es nicht nur um ein quantitatives Anwachsen der erkundeten Vorräte. Die wichtigste Aufgabe für die geologische Erkundung in den nächsten Jahren sind die Suche und Entdeckung von in erster Linie hochökonomischen Lagerstätten mineralischer Rohstoffe. Das Problem der Erhöhung des Anteils hochökonomischer und qualitativ hochwertiger Rohstoffe an den gesamten Vorräten ist eines der kompliziertesten.

Zur Kategorie der hochökonomischen Rohstoffquellen gehören Lagerstätten, die

sich in der Nähe vorhandener Betriebe befinden oder in jenen neuen Gebieten liegen, die ökonomisch für die industrielle Erschließung und die Entwicklung der entsprechenden Industriezweige günstig sind;

Reicherze oder leicht anreicherungsfähige Erze aufweisen;

groß genug sind, um auf ihrer Basis rentable, große und hochmechanisierte Betriebe zu errichten;

mit relativ günstigen geologischen und bergbautechnischen Lagerungsbedingungen, besonders für den Tagebau, geeignet sind.

Die Volkswirtschaft benötigt nicht irgendwelche Lagerstätten und nicht x-beliebige Rohstoffvorräte, sondern vornehmlich solche, deren Abbau technisch und ökonomisch sinnvoll ist.

Die in der UdSSR entdeckten Lagerstätten vieler Rohstoffe sind hinsichtlich ihrer Qualität und ihres Reichtums nicht schlechter als die Lagerstätten des Auslands (z. B. Chromit, Asbest, einzelne Lagerstätten an Manganerzen, Kupfer, Blei, Eisenerzen u. a.).

Ein Teil der bisher erkundeten Vorräte einer Reihe von Rohstoffen ist aber auch durch verhältnismäßig arme oder schwer anreicherbare Erze vertreten, was deren industrielle Nutzung kompliziert und stark verteuert. Das bezieht sich vor allem auf die Ressourcen der Buntmetallurgie, für die in den letzten Jahren eine Verminderung des mittleren Metallgehalts in den geförderten Erzen beobachtet wird.

Eine solche Verringerung ist bekanntlich in gewissen Grenzen gesetzmäßig. Mit der Ausweitung der Produktion und der Vervollkommnung der Technologie im Bereich der industriellen Nutzung von reichen oder herkömmlichen Erzen muß immer mehr auch auf verhältnismäßig arme Erze zurückgegriffen werden. Ein ähnlicher Prozeß der Verringerung des mittleren Metallgehalts in den geförderten Erzen bei steigendem Umfang der Produktion ist auch in anderen Ländern, darunter auch in den USA, zu verzeichnen.

Gleichzeitig beweisen die in den letzten Jahren entdeckten Lagerstätten, so z. B. von Blei–Zink in Osernij, von Kupfer und Nickel in Talnach und Oktjabrskij, von Gold und Antimon in Sarylach und viele andere, daß auf dem Territorium der UdSSR nicht nur herkömmliche, sondern auch sehr reiche Erze vorhanden sind. Auf die Entdeckung solcher Lagerstätten muß in erster Linie die Kraft der geologischen Wissenschaft und der Betriebe des Industriezweigs Geologie gelenkt werden.

Eine große Bedeutung in der Rohstoffwirtschaft

unseres Landes hat das Ausmaß der Lagerstätten. Die Konzentration großer Vorräte in einer oder in einer Gruppe von Lagerstätten, die voneinander nicht weit entfernt sind, ermöglicht bei sonstigen günstigen Bedingungen große mechanisierte Bergbaubetriebe mit geringeren spezifischen Investitionen, mit einer rentablen und ökonomisch vorteilhaften Produktion. Wenn man jedoch die Vorratsbilanzen analysiert, so zeigt sich auf vielen Rohstoffgebieten, daß für unser gesamtes Land bedeutende Ressourcen nicht selten in den Vorräten einer großen Anzahl kleiner Lagerstätten, deren industrielle Erschließung äußerst unökonomisch ist, bestehen. Entscheidend für unsere Gesamtvorräte an mineralischen Rohstoffen ist aber lediglich die Gewinnung aus einer verhältnismäßig kleinen Anzahl großer Lagerstätten.

Einen großen Einfluß auf die Wirtschaft der Betriebe des Bergbaus haben auch die bergbautechnischen und hydrogeologischen Lagerstättenbedingungen. Man muß beachten, daß die Generallinie der Entwicklung des Bergbaus in Zukunft die maximale Entwicklung von Tagebaubetrieben ist. Das ist durch die großen ökonomischen Vorteile der Tagebauförderung gegenüber der Schachtförderung bedingt. So zeigte die Praxis der Kohlenindustrie, daß die Arbeitsproduktivität bei der Förderung aus großen Tagebauen im Mittel 5- bis 6mal höher ist und die spezifischen Investitionen um vieles niedriger sind als bei der Schachtförderung.

Eine schnelle Zunahme der Tagebauförderung ist in den nächsten Jahren auch für Eisenerz, für Mangan, Kupfer, Blei–Zink und für andere Erze vorgesehen. Deshalb ist die Suche und Erkundung fester mineralischer Rohstoffe, die sich für einen übertägigen Abbau eignen, vorrangiges Element bei der Lösung des Problems der Erhöhung der Wirtschaftlichkeit und der Qualität der Erzressourcen.

Die weitere Entwicklung der geologischen Erkundungsarbeiten kann nicht nur über eine bloße Vergrößerung ihres Umfangs verwirklicht werden. Zur Erhöhung der ökonomischen Effektivität geologischer Erkundungsarbeiten und zur Verringerung der dafür notwendigen Aufwendungen sind eine qualifizierte wissenschaftliche Fundierung dieser Arbeiten, die Vervollkommnung der Such- und Erkundungsmethoden, die Einführung von neuen Methoden der geologischen Erkundungsarbeiten auf verdeckte Lagerstätten in die Praxis sowie die technische Umrüstung der geologischen Erkundungsarbeiten vorrangige Aufgabe. Die geologische Wissenschaft muß die Gesetzmäßigkeiten der Bildung und räumlichen Verteilung verschiedener Rohstoffarten, verbunden mit der Nutzung der Methoden der mathematischen Analyse geologischer Daten und der EDV, untersuchen und bestimmen.

Rohstoffe wie Erdöl, Erdgas, Kohle, Eisenerz, Erze der Buntmetalle, der seltenen und Edelmetalle, Diamanten, Asbest, Glimmer sind keine „Geschenke" der Natur und nicht nur rein geologische Begriffe, das sind reale Rohstoffressourcen für die Industrie, die ein ökonomisches Herangehen und eine ökonomische Einschätzung erfordern. Die ökonomische Begründung der hauptsächlichsten Richtungen in der Entwicklung der mineralischen Rohstoffbasis des Landes ist jetzt in Verbindung mit den riesigen Maßstäben des vor uns stehenden Anwachsens der Bergbauzweige der Industrie, aber auch bei den hohen Aufwendungen für die geologischen Erkundungsarbeiten besonders aktuell.

Es gibt deshalb in den Direktiven des XXIV. Parteitages der KPdSU nicht etwa nur ein spezielles Kapitel, das die Hauptaufgaben formuliert, die im laufenden Jahrfünft vor allen geologischen Erkundungsorganisationen des Landes stehen. In den Direktiven wird vielmehr im Komplex auf die Notwendigkeit der Erweiterung der Arbeiten zur geologischen Untersuchung des Erdinnern und auf die Erkundung mineralischer Rohstoffvorkommen vor allem in Gebieten vorhandener Bergbaubetriebe sowie in Gebieten, die ökonomisch am günstigsten für eine industrielle Erschließung sind, verwiesen. Durch die Direktiven des Parteitages wurde die Aufgabe gestellt, die Erkundung von Erdöl und Erdgas, insbesondere im europäischen Teil des Landes, von Koks- und Brandkohlen, hochwertigem Bauxit, wichtigen Buntmetallen, von seltenen und Edelmetallen, von Diamanten, von Rohstoffen für die Mineraldüngerproduktion, die Erkundung von Grundwasser sowie die Such- und Erdkundungsarbeiten zur Erschließung von Vorkommen reicher Eisenerze in Gebieten Sibiriens und des Urals zu verstärken.

Unter Berücksichtigung der großen Bedeutung der mineralischen Ressourcen des Meeres- und Ozeanbodens bei der Deckung der zukünftigen Bedürfnisse der Industrie wird durch die Direktiven die Aufgabe gestellt, im laufenden Jahrfünft die Such- und Erkundungsarbeiten im ufernahen Schelfbereich der Meere und Ozeane mit dem Ziel der Erschließung perspektiver Erdöl- und Erdgaslagerstätten aufzunehmen sowie die Untersuchung ufernaher Seifen an Gold, Zinn und anderen Rohstoffen zu erweitern. Die ökonomische Effektivität der geologischen Erkundung ist zu erhöhen.

Die Hinweise des XXIV. Parteitages der Kommunistischen Partei sind ein Kampfprogramm für das gesamte, viele Tausende umfassende Kollektiv der Geologen und Erkunder der Erde unseres Landes. Gemeinsam mit allen Werktätigen der Sowjetunion setzen die Mitarbeiter des Industriezweigs Geologie alle Kräfte ein, um nicht nur die Aufgaben des laufenden Fünfjahrplans zu erfüllen, sondern sie überzuerfüllen.

Neue Erkenntnisse über endogen-tektonische Lagerungsstörungen im Niederlausitzer Braunkohlenrevier

WERNER NOWEL, Cottbus

Vorbemerkungen

Aus mehreren Kohlenfeldern des Niederlausitzer Reviers sind bereits vor längerer Zeit Strukturen im II. Lausitzer Flözhorizont (Unterflöz) bekannt geworden, die nach ihrer Gestalt auf eine endogen-tektonische Anlage hindeuten und darauf hinweisen, daß mit dem Aufleben von Bewegungen an älteren tektonischen Linien des Untergrunds in jüngster geologischer Zeit gerechnet werden muß. Insbesondere wurde in den Arbeiten von VIETE (1960, 1961, 1964) dargelegt, daß die genannten Strukturen vor allem im Bereich von Randstaffeln des Lausitzer Hauptabbruchs anzutreffen sind. Sie erstrecken sich in herzynischer Richtung vom Kohlenfeld Schlabendorf im NW bis zu den Kohlenfeldern Bärwalde und Reichwalde im SE. In der weiteren südlichen Fortsetzung haben STEDING (1962), BRAUSE, STEDING & SCHUBERT (1964) sowie WOLF & HIRSCHMANN (1964) auch aus der sächsischen Lausitz jüngere endogen-tektonische Bewegungen beschrieben. Aber auch im Gebiet von Einzelstrukturen des prätertiären Untergrunds, sowohl auf der präkambrischen bis altpaläozoischen Hochscholle südwestlich des Hauptabbruchs (VIETE 1960, 1961, 1964) als auch besonders auf der mesozoischen Tiefscholle (KRUTZSCH & LOTSCH 1960, AHRENS & LOTSCH 1963, RADTKE 1963, HEYNIG, KÖCKE & LEHMANN 1965) sind endogen-tektonisch verursachte Störungszonen im II. Lausitzer Flözhorizont bekannt geworden. Die zunehmende Verbesserung unserer Kenntnis der regionalgeologischen und tektonischen Verhältnisse des prätertiären Untergrunds im betreffenden Gebiet hat zur Klärung der ursächlichen Zusammenhänge beigetragen (F. KÖLBEL 1960, 1962, H. KÖLBEL 1962, FRANZ & RUSITZKA 1963, BRAUSE 1969).

Nachdem von VIETE (1961, 1964) eine kurze Darstellung der einzelnen bekannt gewordenen Strukturen in den Kohlenfeldern Schlabendorf, Seese, Calau, Greifenhain, Welzow-West und -Süd, Sedlitz und Bluno gegeben worden war, erfolgte durch NOWEL (1965) eine eingehende Analyse der Störungszonen nach dem derzeitigen Kenntnisstand. Einige Ergebnisse dieser Untersuchung sollen nunmehr — in Verbindung mit Beobachtungen aus den letzten Jahren — mitgeteilt werden.

Zur Lokalisierung der Störungszonen im II. Lausitzer Flözhorizont (Bezugshorizont) wurden als Arbeitsunterlage die Bohrrisse im Maßstab 1:5000 des VEB PKB „Kohle" verwendet.[1] Auf ihnen lassen sich bei ausreichend dichtem Bohrlochabstand anhand der NN-Höhe des Flözes betreffende Niveauunterschiede recht gut ermitteln und in der streichenden Richtung verfolgen.

Dabei sei hier auf einen grundlegenden Unterschied gegenüber dem Bild glazigener Deformationen hingewiesen. Bei endogen-tektonischen Strukturen ist in jedem Falle eine flächenhafte Verbreitung von Flözteilen mit unterschiedlicher Höhenlage (Verstellung, Kippung) anzutreffen, die auf einer bestimmten Linie aneinandergrenzen. Bei glazigenen Strukturen dagegen liegt meist eine wellige oder kuppige Flözoberfläche vor, deren Gestalt sehr stark wechselt. Außerdem sind hier häufig in einigen Bohrungen übernormale Flözmächtigkeiten anzutreffen, die auf schräggestellte Faltenschenkel hinweisen; das ist bei endogen-tektonischen Strukturen in der Regel nicht der Fall.

Teil I: Die Zinnitzer Grabenzone

Die Grabenzone von Zinnitz erstreckt sich mit einer Breite von 0,8 bis 2 km im Gebiet zwischen Zinnitz, Schlabendorf und Garrenchen im SW und Stoßdorf, Dubitz-Mühle und Bathow im NE in herzynischer Richtung durch den gesamten Mittelteil des Kohlenfelds Schlabendorf (Abb. 1). Sie trennt somit das z. Z. im Abbau befindliche Nordfeld von dem zum Abbau vorgesehenen Südfeld. Die komplizierte tektonische Struktur des Mittelfelds selbst steht einer bergbaulichen Nutzung in absehbarer Zeit entgegen.

Die Zinnitzer Grabenzone wurde in sechs Profilen dargestellt (Abb. 2) und läßt darin deutlich den Charakter eines Grabenbruchs mit mehreren randlichen Einzelabbrüchen (Staffelbruch) und teilweise komplizierter Schollenkippung erkennen. Nach den Bohrrissen ließen sich vier Einzelstörungen ermitteln. Sie wurden in die Profile als Verwerfungslinien eingezeichnet. Diese Art der Darstellung soll jedoch lediglich auf die endogen-tektonische Anlage hinweisen; ob in den einzelnen Fällen wirklich eine rupturelle Deformation vorliegt oder ob es sich teilweise nur um Verbiegungen über einer Störung des tieferen Untergrundes handelt, kann auf Grund des unterschiedlichen Bohrlochabstands nicht immer bestimmt werden. Die Darstellung soll nur ein Gesamtbild der Störungszone geben; zur Lokalisierung der einzelnen Verwerfungen sind zweifellos noch spezielle Untersuchungen notwendig (vgl. HEYNIG, KÖCKE & LEHMANN 1965).

Die südwestliche Randstörung des Grabensystems (Störung 1) ist am deutlichsten ausgeprägt und wurde bereits von GRUNERT (1960) erkannt. Sie erreicht im

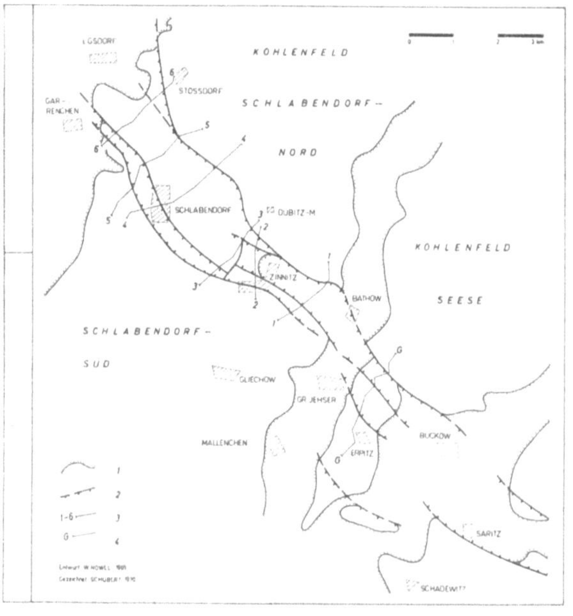

Abb. 1. Tektonische Übersichtskarte der Zinnitzer Grabenzone und des Grabens von Groß Jehser (Braunkohlenfelder Schlabendorf und Seese)

1 – Kohlenfeldgrenzen; 2 – Störungslinien (Zacken in Richtung der abgesenkten Scholle); 3 – Profillinien Zinnitz 1–6; 4 – Profillinie Groß Jehser

Eingang des Manuskripts in der Redaktion: 6. 9. 1971.

[1] Den Kollegen des ehemaligen VEB PKB „Kohle", Berlin, sei an dieser Stelle nochmals für die Unterstützung bei der Beschaffung und Auswertung des umfangreichen Unterlagenmaterials gedankt.

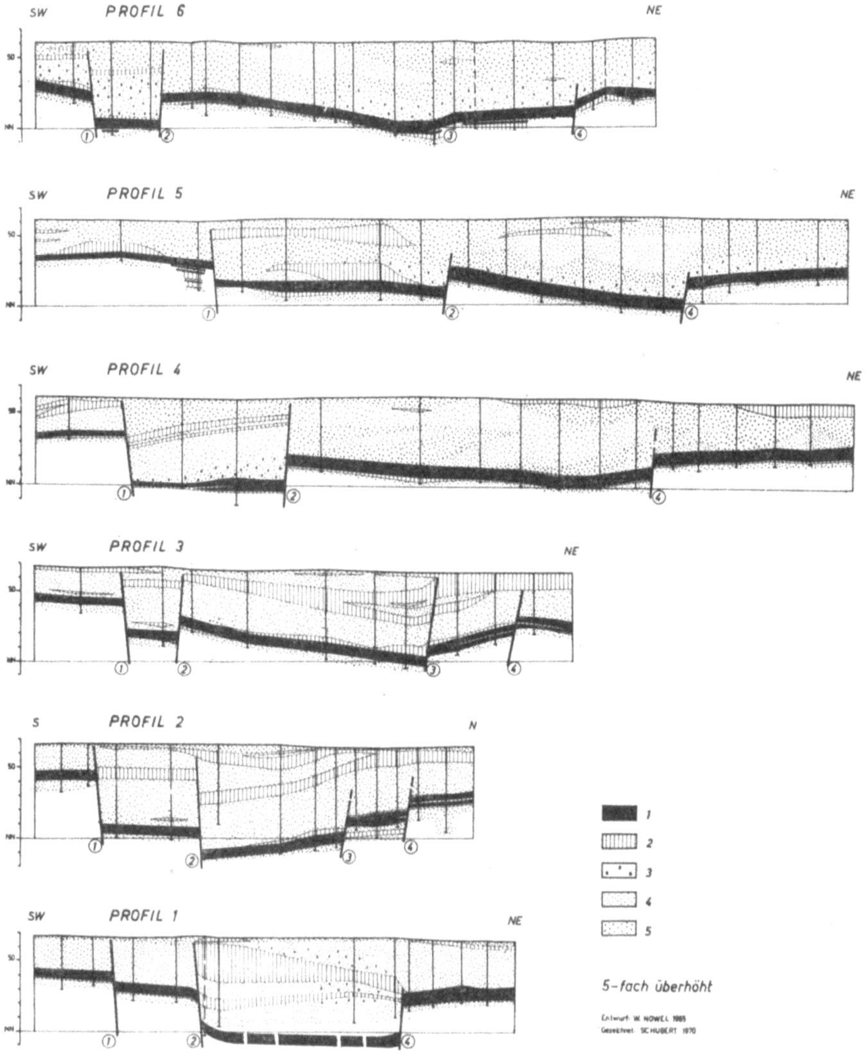

Abb. 2. Profilschnitte durch die Zinnitzer Grabenzone

1 – Braunkohle (II. Lausitzer Flözhorizont); 2 – Ton und Schluff, z. T. auch Geschiebemergel; 3 – tonig, schluffig; 4 – überwiegend Feinsand; 5 – Mittel- und (überwiegend) Grobsand; (nicht voll ausgezogene Bohrungen – kein vollständiges Schichtenverzeichnis vorhanden)

Profil 2 ihren größten Verwerfungsbetrag mit rund 40 m bei 100 m Bohrlochabstand. Nach NW, im Bereich der Profile 3 bis 6, verringert sich die Sprunghöhe auf etwa 20 m; nach SE klingt die Störung allmählich aus. Sie läßt im Profil 1 nur noch einen Höhenunterschied von weniger als 10 m erkennen und ist hier sicher nicht mehr als Ruptur ausgebildet.

Die Störung 2 teilt im SW des Grabensystems einen schmalen Teilgraben ab, d. h., an ihrer Nordostflanke befindet sich eine Hochscholle. Der Verwerfungsbetrag macht hier etwa 15 bis 20 m aus. Im Gebiet zwischen den Profilen 2 und 3 wechselt die Fallrichtung der Störung; es fand eine Schollenkippung statt, die nordöstliche Hochscholle ist zur Grabenmitte abgesenkt. Damit übernimmt die Störung 2 die Funktion der Hauptverwerfung am Südwestrand des Grabens. Sie fällt im Profil 1 mit der Begrenzung der flözleeren Zone von Zinnitz zusammen. In dieser Zone wird nur von einer älteren Bohrung mit unvollständigem Schichtenverzeichnis ein Hinweis auf die Tiefenlage des Flözes gegeben. Es ist aber zweifellos in entsprechender Tiefe zu erwarten; denn flachere Bohrungen haben miozäne Hangendschluffe der Zwischenflözgruppe durchteuft.

Die Störungen 3 und 4 bilden einzelne Randstaffeln an der Nordostflanke des Grabensystems. Sie weisen nur einen geringen Verwerfungsbetrag von 10 bis 15 m auf, lassen sich aber auf Grund des unterschiedlichen Einfallens der abgeteilten Flözschollen recht gut erkennen. Die Störung 3 ist auf das Gebiet der Profile 2 und 3 beschränkt und verflacht in nordwestlicher Richtung allmählich. Lediglich ganz im NW bei Stoßdorf (Profil 6) deutet sie sich in einer auf die flözleere Zone von Egsdorf zulaufenden speziellen Einmuldung nochmals an. Die Störung 4 verliert nach NW ebenfalls an Sprunghöhe und ist sicher bereits im Profil 6 nicht mehr rupturell wirksam. Im S läuft die Störung 3 mit ihr zusammen; im Randgebiet der flözleeren Zone von Zinnitz ist mit einem größeren Absenkungsbetrag zu rechnen.

Das Störungssystem der Zinnitzer Grabenzone ist auf postume Bewegungen an reaktivierten Verwerfungen des Lausitzer Hauptabbruchs zurückzuführen, die auf der Strukturkarte des Prätertiärs nach F. KÖLBEL (1962) Unteren, Mittleren und Oberen Buntsandstein in einzelne Staffeln zergliedern und ebenfalls in herzynischer Richtung verlaufen.

Die Fixierung der Störungslinien in den Hangendschichten des II. Lausitzer Flözhorizonts — insbesondere im Pleistozän — und damit eine Aussage über den Zeitpunkt der letzten bzw. jüngsten Bewegung ist infolge der ungenügenden Qualität der Schichtenverzeichnisse sehr erschwert. Miozäne Schluffe der Zwischenflözgruppe sind nachweislich in allen Profilen mit abgesenkt; ein Andauern der Bewegung bis in das Pleistozän ist nicht sicher nachweisbar.

In der weiteren nordwestlichen Erstreckung des Hauptabbruchs sind postume Bewegungen im känozoischen Deckgebirge nicht nachweisbar, da der als Bezugshorizont benutzte II. Lausitzer Flözhorizont erodiert ist. Interessant ist jedoch in diesem Zusammenhang die Mitteilung über Salzflora durch HUCKE (1922) sowie MÜLLER-STOLL & GÖTZ (1962) bei Cahnsdorf südöstlich Luckau.

Teil II: Der Graben von Groß Jehser

In der südöstlichen Fortsetzung schließt sich an die Zinnitzer Grabenzone der Graben von Groß Jehser an. Hier ist auf Grund qualitativ besserer Schichtenverzeichnisse auch eine detailliertere Darstellung im Profil möglich (Abb. 3).

Der Graben von Groß Jehser stellt einen unsymmetrischen, schiefen Grabenbruch mit steil abgesenkter Nordostflanke und allmählich abfallender Südwestflanke dar. (Ein ähnlicher Bau deutet sich im Profil 1 Zinnitz bereits an!) Er streicht ebenfalls herzynisch, nimmt etwa den Raum zwischen Bathow—Buckow und Groß Jehser—Erpitz ein und trennt den sogenannten Erpitzer Zipfel vom Hauptfeld Seese ab. Es sind drei Störungslinien zu unterscheiden. Die nördliche Randstörung (Störung 3) ist am deutlichsten ausgeprägt. Obwohl von der Bohrung 10 das Flöz nicht erreicht wurde, ergibt sich hier bei einem Bohrlochabstand von 70 m ein Absenkungsbetrag von mindestens 50 m. Die Störungen 1 und 2 unterteilen den Südflügel des Grabens in zwei Staffeln und weisen nur Sprunghöhen von etwa 15 m auf. Auf Grund eines recht weiten Bohrlochabstands ist hier — besonders für die Störung 1 — eine rupturelle Deformation des Flözes nicht sicher zu belegen.

Im abgesenkten Teil des Grabens sind Schichtglieder des höheren Miozäns bis zur Oberflözgruppe (Raunoer Schichten) mit geringmächtigen Kohlenflözen von jüngerer Erosion verschont geblieben. Sie sind mit dem Tertiär-Profil der benachbarten Buchwäldchenhochfläche zu parallelisieren. Im tieferen miozänen Deckgebirge tritt mit grobsandig-feinkiesigen Bildungen ein Geröllhorizont in den Oberen Briesker Schichten (LOTSCH 1968) deutlich hervor. So ergeben sich für die Parallelisierung der einzelnen abgesenkten Schollen insgesamt vier Bezugshorizonte, die eine recht hohe Sicherheit der Deutung garantieren: II. Lausitzer Flözhorizont (II), Geröllhorizont, Zwischenflözgruppe (I/II) und I. Lausitzer Flözhorizont (I).

Anhand der ausgewerteten Schichtenverzeichnisse ist im Profil auch eine einwandfreie Gliederung des pleistozänen Deckgebirges möglich. Es sind im wesentlichen zwei Grundmoränen mit zwischengelagerten glazilimnischen Bildungen vorhanden.[2]) In Oberflächennähe folgen erosionsdiskordant Sande des Luckau—Calauer Beckens. Das Alter der Grundmoränen ist im Profilbereich selbst nicht geschiebestatistisch datiert; im regionalen Vergleich mit datierten Profilen der Nachbarschaft (Tagebau Schlabendorf-Nord und Raum Buckow) kann man jedoch für die untere die Zuordnung zur Vereisung Saale 1 und für die obere die Zuordnung zur Vereisung Saale 2 wahrscheinlich machen (HELLWIG, mündl. Mitteilung 1970). Damit kann festgestellt werden, daß die tektonische Bewegung mit Sicherheit nach der Kaltzeit Saale 1 wirksam war, denn diese Grundmoräne ist deutlich mit abgesenkt. Darüber hin-

[2]) Im Bereich der Bohrungen 11 bis 13 ist die untere Grundmoräne nicht sicher nachgewiesen.

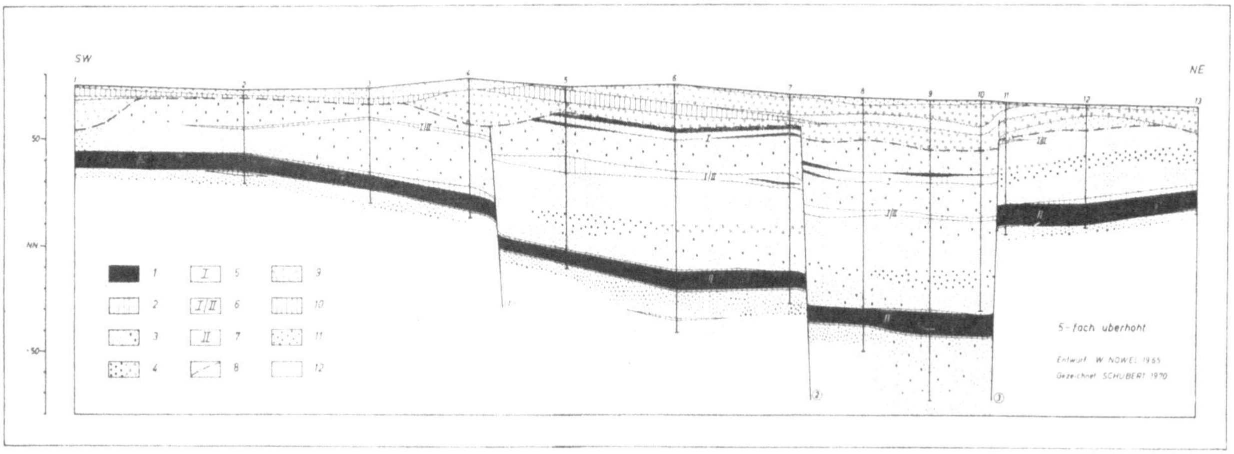

Abb. 3. Profilschnitt durch den Graben von Groß Jehser

Miozän: 1 — Braunkohle; 2 — Ton und Schluff; 3 — Fein- und Mittelsand, z. T. schluffig; 4 — Grobsand und Feinkies (Geröllhorizont); 5 — Oberflözgruppe (I. Lausitzer Flözhorizont); 6 — Zwischenflözgruppe; 7 — Unterflöz (II. Lausitzer Flözhorizont); 8 — Grenze Miozän/Pleistozän; Pleistozän: 9 — Grundmoräne; 10 — Beckenton und -schluff; 11 — Mittel- bis Grobsande, glazifluviatil und glazilimnisch; 12 — Fein- und Mittelsande, glazilimnisch aus ist es auffallend, daß die im südlichen Profilteil tonige glazilimnische Sedimentation innerhalb der Hauptabsenkungszone in eine sandige Folge übergeht. Auch diese Veränderung in der Sedimentschüttung dürfte ihre Ursachen eventuell noch in der tektonischen Aktivität des Untergrunds haben.

Die Bewegungen am Graben von Groß Jehser gehen wahrscheinlich auf die gleichen Störungen des prätertiären Untergrunds zurück, die schon im Bereich des Zinnitzer Grabens wirksam waren. Parallel mit der Hauptverwerfung des Grabens (Störung 3) verläuft im prätertiären Untergrund die südwestliche Grenze des bisher nur geophysikalisch nachgewiesenen Muschelkalkausstrichs von Buckow—Bathow (F. KÖLBEL 1962).

Eine weitere, ebenfalls herzynisch streichende Störungslinie deutet sich im S des Erpitzer Zipfels an (vgl. Abb. 1). In der streichenden südöstlichen Fortsetzung schließt sich an den Graben von Groß Jehser die Störungszone von Calau—Plieskendorf an, die in einem nachfolgenden Teil III behandelt werden soll.

Zusammenfassung

Im Ergebnis 1965 durchgeführter Untersuchungen werden neue Detailergebnisse über endogen-tektonische Lagerungsstörungen im Niederlausitzer Braunkohlenrevier mitgeteilt. Die Zinnitzer Grabenzone und der Graben von Groß Jehser (Kohlenfelder Schlabendorf und Seese) sind kompliziert gebaute, herzynisch streichende Staffelbrüche mit mehreren Einzelstörungen an den Flanken. Im Niveau des II. Lausitzer Flözhorizonts sind maximale Absenkungsbeträge von 40 bis 50 m festzustellen. Die tektonische Bewegung dauerte mit Sicherheit bis in das Pleistozän an; am Profil Groß Jehser kann eine Absenkung der Grundmoräne Saale 1 wahrscheinlich gemacht werden. Im Vergleich mit der Strukturkarte des Prätertiärs (F. KÖLBEL 1962) wird eine Übereinstimmung der Grabenzone mit Verwerfungslinien des Lausitzer Hauptabbruchs deutlich.

Резюме

В результате проведенных в 1965 году исследований сообщаются новые подробные результаты о эндогенно-тектонических нарушениях залеганий в Нижне-Дужицком буроугольном бассейне. Циннитцкая зона грабенов и грабен Грос Езер (залежи бурого угля Шлабендорф и Зэзе) являются сложно построенными герцински простирающимися ступенчатыми разломами с большим количеством отдельных нарушений на боках. На уровне II-го Дужицкого пластового горизонта можно установить максимальные погружения от 40 до 50 м. Тектоническое движение продолжалось, очевидно, до плейстоцена; на профиле Грос Езер, очевидно, может быть сделано предположение о погружении основной морены оледенения Заале 1.

При сравнении со структурной картой дотретичных отложений (Ф. Кёльбель 1962) становится отчетливым соответствие зоны грабенов с линиями сброса глубинного Дужицкого разлома.

Summary

As a result of investigations made in 1965, new details are given on endogenic-tectonic bedding disturbances in the brown coal district of Lower Lusatia. The graben zone of Zinnitz and the Groß-Jehser graben (Schlabendorf and Seese coal fields) are intricately built step faults striking N.W.—S.E., with several individual faults at the flanks. In the level of the second Lusatian seam horizon maximum amounts of depression ranging from 40 to 50 m can be found. It can safely be assumed that the tectonic movement lasted into the Pleistocene; the Groß Jehser section makes probable a depression of the Saale 1 ground moraine. Compared with the structural map of the Pretertiary (F. KÖLBEL 1962), an accord of the graben zone with fault lines of the Lusatian main scarp is made clear.

Literatur

AHRENS, H., & D. LOTSCH: Tektonische Bewegungen im Tertiär der zentralen Niederlausitz. — Geologie, **12**, 7, Berlin 1963.

BRAUSE, H.: Das verdeckte Altpaläozoikum der Lausitz und seine regionale Stellung. — Abh. dt. Akad. Wiss., Kl. Bergbau, Hüttenwesen und Montangeol., Jg. 1968, Nr. 1, Berlin 1969.

BRAUSE, H., D. STEDING & G. SCHUBERT: Tektonische Beziehungen zwischen Prätertiär, Tertiär und Quartär in der nördlichen Oberlausitz. — Geologie, **13**, 6/7, Berlin 1964.

FRANZ, R., & D. RUSITZKA: Geologische Ergebnisse der Erkundungsarbeiten auf Kupferschiefer im Raum Spremberg—Weißwasser. — Z. angew. Geol., **9**, 4, Berlin 1963.

GRUNERT, K.: Die Lagerungsverhältnisse der Braunkohle und ihres Deckgebirges im Bereich der zwischen Spremberg, Burghammer und Lübbenau gelegenen Kohlenfelder. — Unveröff. Dipl.-Arb., Bergakad. Freiberg 1960.

HEYNIG, R., V. KÖCKE & R. LEHMANN: Drehwaagemessungen am Südrandbruch des Kauscher Grabens (Kohlenfeld Welzow-West). — Z. angew. Geol., **11**, 9, Berlin 1965.

HUCKE, K.: Geologie von Brandenburg. — Verl. Ferdinand Enke, Stuttgart 1922.

KÖLBEL, F.: Prätertiärer Untergrund von Süd-Brandenburg. — Exkursionsführer Brandenburg, geol. Ges. DDR, Berlin 1960.

— Das Prätertiär von Südbrandenburg. — Geologie, **11**, 10, Berlin 1962.

KÖLBEL, H.: Geologische Karte der DDR im Maßstab 1:500000 — Karte ohne känozoische Bildungen. — Zentrales geologisches Institut, Berlin 1962.

KRUTZSCH, W., & D. LOTSCH: Tertiär und Braunkohle der Lausitz. — Exkursionsführer Brandenburg geol. Ges. DDR, Berlin 1960.

LOTSCH, D.: Tertiär (Paläogen und Neogen). In: Grundriß der Geologie der DDR, Band I: Geologische Entwicklung des Gesamtgebietes. — Akademie-Verl., Berlin 1968.

MÜLLER-STOLL, W. R., & H. G. GÖTZ: Die märkischen Salzstellen und ihre Salzflora in Vergangenheit und Gegenwart. — Wiss. Z. päd. Hochsch. Potsdam, math.-nat. R., **7**, H. 1/2 (1962).

NOWEL, W.: Untersuchungen über die Lagerungsverhältnisse des Quartärs im westlichen und mittleren Teil des Lausitzer Braunkohlen-Kernreviers. — Unveröff. Dipl.-Arb., Bergakad. Freiberg 1965.

RADTKE, H.: Geologisch-lagerstättenkundliche Ergebnisse aus dem Raum der östlichen Lausitz. — Z. angew. Geol., **9**. 9, Berlin 1963.

STEDING, G.: Über quartärgeologische Fragen in Ostsachsen am Rande der Mittelgebirge. — Ber. geol. Ges. DDR, **7**, 7 (1962).

VIETE, G.: Über postmiozäne und pleistozäne Tektonik in der Lausitz. — Bergakademie, **12**, 429—434 (1960).

— Beiträge zur glazigenen und endogenen Tektonik im Quartär und Tertiär Nord- und Mitteldeutschlands. — Bergakademie, **13**, 280—294 (1961).

— Über die Lagerungsstörungen von Kohle und Deckgebirge im Lausitzer Braunkohlenrevier. — Freiberger Forsch.-H., A 311, VEB dt. Verl. für Grundstoffind., Leipzig 1964.

WOLF, L., & G. HIRSCHMANN: Postume pleistozäne Bruchtektonik in der östlichen Oberlausitz. — Geologie, **13**, 10, Berlin 1964.

Die harmonische Analyse sedimentärer Folgen zur Ermittlung der Periodizität der Sedimentation

I. A. ODESSKI & A. I. AJNEMER, Leningrad

Nach einer Methode zum Überschauen großer Zahlengesamtheiten, die eine Modifikation der Methode von BIUY-BALLAUX darstellt, wurden die großen Sedimentationszyklen (8—13, 17—22, 29—34, 41—45, 52—57, 62—95 Millionen Jahre) der meso-känozoischen Folgen der Westsibirischen und der Turanischen Platte nachgewiesen.

In dieser Arbeit wird der Versuch unternommen, die Großzyklizität in der Entwicklungsgeschichte der Erde mit Hilfe der harmonischen Analyse geologischer Schnitte zu ermitteln. Da die Verwendung dieser Analyse bei der Verarbeitung der geologischen Daten deren Überführung in die

Aus: „Geotektonika", Heft 6, 77—85, Moskau 1969. Übers.: W. OESTREICH, Berlin.

Sprache der Mathematik verlangt, ergibt sich vor allem die Frage nach der Codierung von Merkmalen der geologischen Schnitte.

Die Codierung ist in der Praxis der geologischen Untersuchungen seit langem bekannt. Besonders fand sie bei der Korrelation gleichaltriger Schichtfolgen Anwendung, die als stratigraphische Reliefkolonnen darstellbar sind. In diesem Fall verwendet man für die Konstruktion der Reliefkolonnen die schichtweise Veränderung bestimmter Eigensehaften der Gesteine (Härte, Farbe, Porosität, Permeabilität u. dgl.), die entsprechend dem Zeitablauf eine Evolution durchmachen. Innerhalb der verschiedenen Eigenschaften der Sedimentgesteine ist hinsichtlich der dynamischen Verhältnisse der Sedimentation ihre granulometrische Zusammensetzung am informativsten.

Die schichtweise Veränderung der Sedimentzusammensetzung, die die Schwankungen des hydrodynamischen Regimes der Akkumulation widerspiegelt, wird bekanntlich entweder durch tektonische oder durch physisch-geographische (z. B. klimatische) Ursachen bedingt. Es ist mitunter schwierig, die Rolle eines jeden dieser Faktoren zu ermitteln; es gibt aber Gründe für die Annahme, daß „im Maße des Übergangs zu größeren Zyklen die tektonischen Schwingungsbewegungen immer größere und in letzter Instanz entscheidende Bedeutung erlangen" (CHAIN 1964, S. 151).

Die Verbindung zwischen den Schwingungsbewegungen der Erdkruste und der granulometrischen Zusammensetzung des entstehenden Sediments wird über das Relief der Akkumulationsoberfläche realisiert. Zahlreiche Beobachtungen an rezenten Sedimentationsprozessen (KLENOWA 1948 u. a.) zeigen, daß in allgemeiner Form die Verteilung der klastischen Partikel nach der Größe in Abhängigkeit von der Tiefe der Becken erfolgt. Die Ursache für diese Abhängigkeit liegt bei Becken mit einheitlichem ungegliedertem Aquatorium darin, daß die Energie des Wellengangs (Seegangs) an der Oberfläche ungleichmäßig auf den Boden des Beckens übertragen wird (SCHULEJKIN 1953). In Übereinstimmung mit der Exponentialfunktion für das Abklingen der Seegangsenergie mit wachsender Tiefe muß man die mobilste hydrodynamische Situation im Bereich des seichten Wassers erwarten, wo auch die Akkumulation der grobkörnigsten Bildungen (der Geröllager) erfolgt. Mit zunehmender Tiefe nimmt die Energie des Wassers in der bodennahen Schicht kontinuierlich und schnell ab. Das führt dazu, daß hier feinkörnige Sedimente entstehen. Infolge der tektonischen Schwingungsbewegungen und der entsprechenden Veränderung der Tiefen in den Becken erfolgt eine Verlagerung der Fazies in der Fläche, die in der Wechsellagerung der verschiedenen Lithofazies des Profils ihren Ausdruck findet.

Da die granulometrische Zusammensetzung der Gesteine in ihrer lithologischen Charakteristik (Geröllager, Sandsteine, Aleurolithe u. dgl.) widergespiegelt wird, kann die Codierung dieser Charakteristik mittels ihrer Arithmetisierung durchgeführt werden. Letztere erfolgt so, daß jedem Gesteinstyp eine bestimmte Rangnummer (VISTELIUS & ROMANOWA 1962) oder ein Codewert gegeben wird: Wie aus Tab. 1 hervorgeht, nehmen die Codewerte der Gesteine entsprechend der Zunahme der dynamischen Aktivität des Sedimentationsmediums von den feinkörnigen zu den grobklastischen Bildungen hin zu. Daher liegen die chemogenen Bildungen (Kalke, Kreide, Dolomite) in der Codereihe ganz unten, und zwar deshalb, weil das Fehlen einer terrigenen Beimengung in ihnen als Zeugnis der geringen Mobilität des sedimentierenden Mediums bewertet werden kann. Entsprechend der hydrodynamischen Basis des Codes erhalten die Sedimentationsunterbrechungen, wobei die hohe Beweglichkeit des Mediums sogar die Akkumulation der gröbsten klastischen Partikel verhinderte, die maximalen Codewerte. Die Abstufung (der Gradient) des Codes, die gleich drei Einheiten ist, wurde wegen der bequemen graphischen Darstellung der Schnitte gewählt, von denen im weiteren mit dem vorgegebenen Schritt eine diskrete Zahlenreihe aufgestellt wird, die mathematisch bearbeitet werden kann.

Da das Ziel unserer Analyse darin besteht, die Periodizität von Prozessen festzustellen, die sich in der Zeit gleichmäßig entwickeln, ist es notwendig, daß auch die zu analysierenden geologischen Profile eine originelle gleichmäßige Registrierung der geologischen Zeit darstellen.

Das bestehende Verfahren zur Darstellung der geologischen Schnitte, das auf der Veränderung der Mächtigkeit der Schichten beruht, ist indessen in einer Reihe von Fällen keine direkte Funktion der letzteren. Deshalb wird es notwendig, den geologischen Schnitt (das geologische Profil) aus dem Maßstab der Mächtigkeit in den des absoluten Alters überzuführen.

Diese Überführung kann mit Hilfe einer Skala der absoluten Geochronologie vorgenommen werden, die im Verlauf des letzten Jahrzehnts mit Erfolg entwickelt wurde (POLEWAJA 1960; AFANASJEW & BAGDASARJAN 1963; „Fragen der Geochronologie" 1963 u. dgl.). Bei der Konstruktion geologischer Schnitte im Maßstab der Zeit verwendeten wir die Datierungen, die als Mittelwerte aus den einander am nächsten kommenden Werten nach den Bestimmungen verschiedener Autoren erhalten wurden (Tab. 2).

Bei dieser Darstellung wurden die definierten stratigraphischen Komplexe in die ihnen nach der geochronologischen Skala entsprechenden Zeitintervalle eingesetzt (Abb. 1). Wenn der darzustellende Komplex aus zwei

Tab. 1. Codewerte der Gesteine

Granulometrische Zusammenfassung der Gesteine	Codewerte
Unterbrechung (Hiatus)	54
Geröllager (Konglomerate)	51
Mittel- und grobkörnige Sande (Sandsteine)	48
Fein- und kleinkörnige Sande (Sandsteine)	45
Aleuritschüssige, aleuritische Sande (Sandsteine)	32
Sandaleurite (-aleurolithe) und sandige Aleurite (Aleurolithe)	39
Sandmergel, sandige Mergel	36
Aleurite (Aleurolithe)	33
Tonige Aleurite (Aleurolithe)	30
Kalkige Aleurite (Aleurolithe, aleuritschüssige Mergel)	27
Sandtone (-argillite), sandige Tone (Argillite)	24
Aleuritische Tone (Argillite), aleuritschüssige Tone (Argillite)	21
Tone (Argillite)	18
Karbonatische Tone (Argillite)	15
Kalktone (-argillite), kalkige Tone (Argillite)	12
Mergel, Tonmergel	9
Tonige Kalke	6
Kalke, Dolomite, Kreide	3

oder mehr Schichten bestand, waren deren Mächtigkeitsverhältnisse zu berücksichtigen, wobei vorbehaltlich angenommen wurde, daß die Akkumulation der Sedimente proportional der Zeit verlief. Auf Grund dessen wurden bei der Eintragung der Schichten in das Profil hier nicht die Schichtmächtigkeiten an sich benutzt, sondern Zeitintervalle, bestimmt aus dem Verhältnis der ihnen entsprechenden Mächtigkeiten.

Das Relief der periodischen Kurve wurde nur von jenen Schichten bestimmt, deren Bildungszeit bei gewähltem Darstellungsmaßstab der Schnitte (1 cm — 2 Mill. Jahre) als mindestens 1 mm breiter Streifen (200000 Jahre) demonstriert werden konnte. Im nichtentsprechenden Falle wurden sie entweder gar nicht berücksichtigt (seltene und einzelne Zwischenlagen), oder sie wurden dazu benutzt, um das gewogene Mittel des

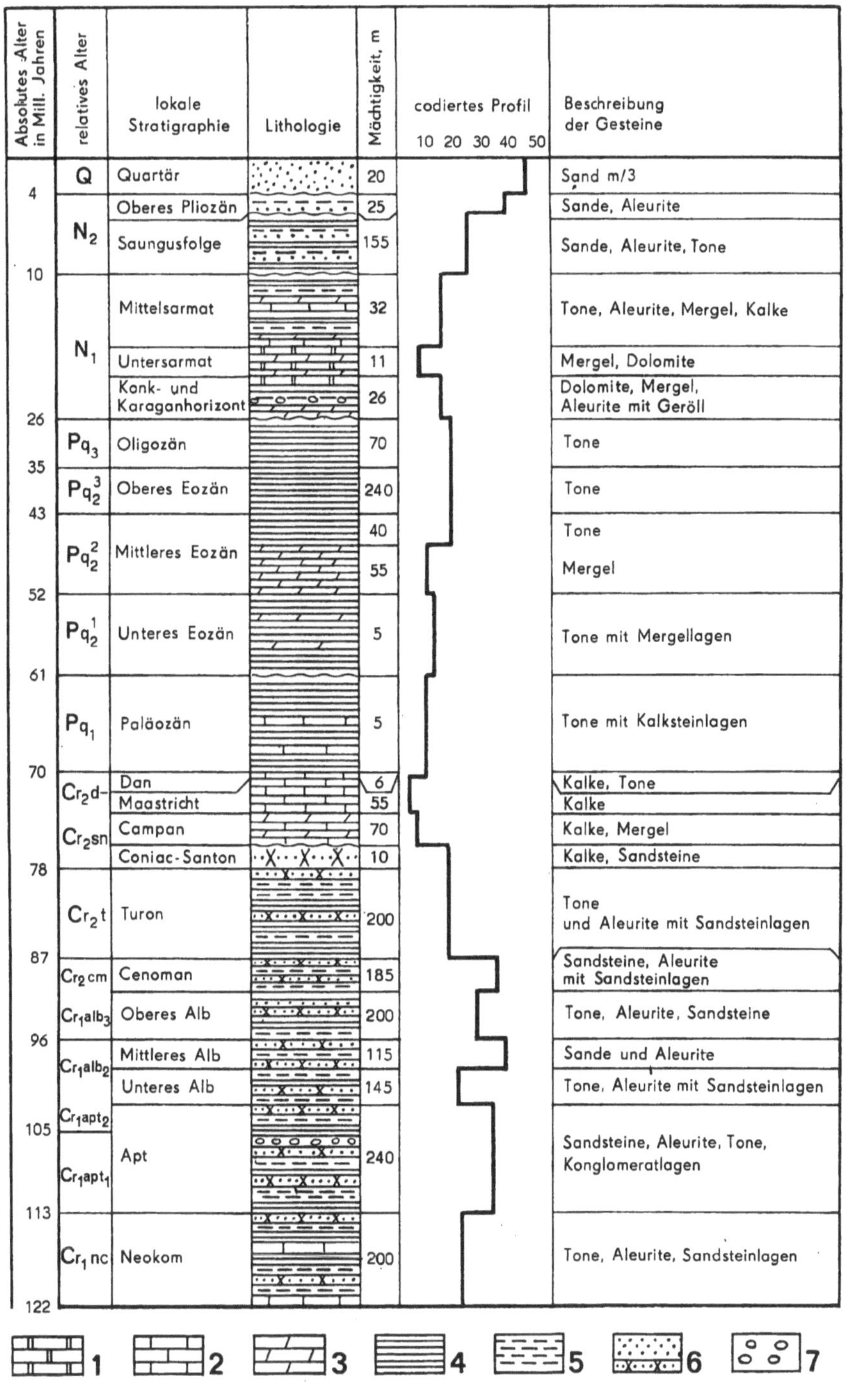

Abb. 1. Zusammengefaßtes geologisches Profil im Gebiet der Dörfer Serny Sawod und Darwasa (Saungus-Karakum)

1 — Dolomite; 2 — Kalke; 3 — Mergel; 4 — Tone; 5 — Aleurite; 6 — Sande, Sandsteine; 7 — Konglomerate

Tab. 2. Daten der absoluten Geochronologie

Stratigraphisches Intervall	Alter der Untergrenze, in Mill. Jahren	Stratigraphisches Intervall	Alter der Untergrenze, in Mill. Jahren
Anthropogen	4	Turon	87
Pliozän	10	Oberes Alb—Cenoman	96
Miozän	26	Mittelapt—Mittelalb	105
Oligozän	35	Unteres Apt	113
Oberes Eozän	43	Neokom	122
Mittleres Eozän	52	Oberer Jura	146
Unteres Eozän	61	Mittlerer Jura	162
Paläozän	70	Unterer Jura	180
Senon—Dan	78	Obere Trias	195

Codewerts für das ganze, durch ihre Wechsellagerung vertretene Intervall zu berechnen. Wenn die Mächtigkeiten der wechsellagernden Schichten in der Beschreibung nicht angeführt werden, dann ist der Codewert für das Intervall das arithmetische Mittel aus allen lithologischen Varietäten, aus denen es besteht.

Auf diese Weise wurden Zahlenreihen konstruiert, die definierte geologische Profile in einem vereinbarten Codierungssystem der Gesteinsmerkmale beschreiben. Die Codewerte der Gesteine wurden über ein Schrittintervall gleich 1 Mill. Jahre festgelegt.

Da die Aufgabe gestellt war, das Spektrum der Zyklizität und den gerichteten Ablauf geologischer Vorgänge zu ermitteln, war es bei der Analyse dieser Zahlenreihen natürlich, sich den bekannten Methoden zur Aufdeckung verborgener Periodizitäten zuzuwenden (CHANOWITSCH & JANOWSKI 1965; SEREBRENNIKOW & PERWOSWANSKI 1965). Die Anwendung dieser Methoden verlangt jedoch eine gewisse A-priori-Information über den Charakter der zu betrachtenden Zahlenreihen und über das tatsächliche Auftreten bestimmter Periodizitäten in deren Struktur. Da eine zuverlässige geologische Information in dieser Hinsicht fehlte und der Wunsch nach einer A-priori-Postulierung des Vorhandenseins bestimmter Periodizitäten in den geologischen Profilen bestand, stellten wir uns die Aufgabe, eine neue, zum Charakter der vorgegebenen Gesamtheit invariante Methode zur Untersuchung von Zahlenkomplexen zu suchen. Eine solche Methode ist die unter Leitung von Prof. I. G. CHANOWITSCH (CHANOWITSCH, JANOWSKI, AJNEMER & KONISSKAJA) entwickelte Methode zum Überschauen von Zahlengesamtheiten. Während diese Methode im Hauptteil des Algorithmus der Untersuchung mit der Gesamtheit der Operationen zusammenfällt, die beim Nachweis verborgener Periodizitäten nach der Methode BIUY-BALLAUX (SEREBRENNIKOW & PERWOSWANSKI 1965) auszuführen sind, unterscheidet sie sich gleichzeitig von letzterer wesentlich nach den Verfahren zur Analyse der erhaltenen Ergebnisse, nämlich durch die Bestimmung der Häufigkeit des Auftretens der vermuteten Besonderheiten nach dem Ensemble der Teilintervalle.

Wie in der Methode von BIUY-BALLAUX sieht auch die Übersichtsmethode die Anordnung des vorgegebenen Komplexes (Satzes) der Zahlen der zu untersuchenden Gesamtheit in einer Tabelle vor — $a_1, a_2, a_3, \ldots a_n$, die m Spalten und P volle Zeilen aufweist [$m \geqq n$ — die n nächste ganze Zahl; m nimmt Werte von 2 bis $E(n/2)$ an]; dann werden in der erhaltenen Tabelle die Werte für die einzelnen Spalten summiert, und für die Gesamtreihe wird die Größe

$$\Delta S_m = \frac{1}{2p} (S_{\max}^{(m)} - S_{\min}^{(m)}$$

bestimmt.

Hierbei bedeuten:

$S_{\max}^{(m)}$ und $S_{\min}^{(m)}$ — größter und kleinster Wert in der erhaltenen summarischen Reihe mit m Gliedern. Dann wird für alle m die graphische Darstellung

$$\Delta S_m = f(m)$$

konstruiert, die in Übereinstimmung mit der in der Methode von BIUY-BALLAUX verwendeten Terminologie als Periodogramm bezeichnet wird. Das Wesen der Methode von BIUY-BALLAUX besteht darin, daß der größte Wert von ΔS in dem Fall auftreten wird, wenn die Zahl der Spalten (m) gleich der Periode einer der Komponenten der Harmonischen ist. Wie E. CHENNAN (1964) gezeigt hat, sind die nach dem Algorithmus von BIUY-BALLAUX erhaltenen Periodogramme den Kurven von Spektraldichten äquivalent, und man kann sie als Analoga von Spektralcharakteristiken der zu untersuchenden Zahlenreihen betrachten.

Die weitere Analyse der erhaltenen Abhängigkeit geschieht folgendermaßen: Auf dem Periodogramm werden die Extremwerte herausgesucht und für die ihnen entsprechenden Größen m in den summarischen Reihen der entsprechenden Tabellen die Stellen der Maxima und Minima bestimmt. Für jede Tabelle (s. z. B. Tab. 3) werden, da man die Stellenzahlen (Ordnungszahlen) von $S_{\max}^{(m)}$ und $A_{\min}^{(m)}$ in der summarischen Reihe kennt, die Häufigkeiten des Auftretens der größten und der kleinsten Werte an bestimmten Stellen berechnet, d. h. ihr Grad der Wiederholbarkeit auf den einzelnen Teilintervallen der vorgegebenen Reihe. Daher erhält das nach dem Periodogramm ermittelte Spektrum der Periodizitäten einen bestimmten Wahrscheinlichkeitsschätzwert. Alle Berechnungen (Summierung der Tabellen mit verschiedenen m, bis zu $m = n/2$ oder $m = \frac{n-1}{2}$, die Bestimmung des größten und des kleinsten Wertes ihrer Lage in der summarischen Reihe, das Ermitteln des Wertes von ΔS_m) wurden auf der digitalen elektronischen Rechenmaschine „Minsk-1" nach einem speziell aufgestellten Programm durchgeführt.

Da die Methode des einfachen Überschauens von Zahlengesamtheiten, die der vorgelegten Analyse zugrunde liegt, in letzter Instanz die Zerlegung der komplizierten periodischen Kurve der tektonischen Schwingungsbewegungen in ein Spektrum von Harmonischen, aus denen sie besteht, voraussetzt, erscheint es möglich, diese Analyse als tektonische Spektralanalyse zu bezeichnen.

Bei der Wahl geologischer Schnitte für die tektonische Spektralanalyse wurden die folgenden Überlegungen berücksichtigt.

1. Zieht man in Betracht, daß die Annahme eines globalen Auftretens der Zyklizität umstritten ist, so ist es wünschenswert, geologische Profile verschiedener geotektonischer Gebiete der Erdkruste zu untersuchen, die weit voneinander entfernt sind.
2. Da das Regime der tektonischen Schwingungsbewegungen am markantesten auf dem Territorium der

Tabelle 3

P \ m	1	2	3	4	5	6	7	8	9
1	15	45	45	45	45	39	39	25	25
2	25	25	16	16	16	16	16	16	16
3	16	16	6	6	15	15	15	15	16
4	18	18	18	18	18	18	18	18	18
5	18	18	18	18	18	18	18	18	18
6	18	18	17	9	8	9	9	10	13
7	13	13	13	13	13	13	13	13	10
8	10	10	10	10	10	10	10	10	10
9	10	3	3	10	10	18	18	18	18
10	18	18	18	18	18	18	35	35	35
11	35	35	32	29	29	29	29	39	39
12	39	22	22	26	36	36	36	36	36
13	36	36	36	36	36	36	36	25	25
Mittelwerte	23	21	20	20	21	21	22	22	22
Geglättete Werte	22,0	21,3	20,3	20,3	20,7	21,3	21,7	22,0	22,3
Extremstellen	–	–	–	min	–	–	–	–	max
Häufigkeit, %				84					100

Tafeln in Erscheinung tritt, muß man den größten Teil der zu analysierenden Schnitte eben in diesen Gebieten der Erdkruste ansetzen.

3. Bei der Analyse ist es wünschenswert, die Ergebnisse sowohl nach den Daten territorial weit voneinander entfernter Profile als auch nach den Profilen (Schnitten) zu vergleichen, die miteinander erheblich doublieren.
4. Es ist zweckmäßig, für die Analyse nur jenen Teil des Profils der Erdkruste zu verwenden, für den die zuverlässigsten und eingehendsten Bestimmungen des absoluten Alters der Gesteine vorliegen.

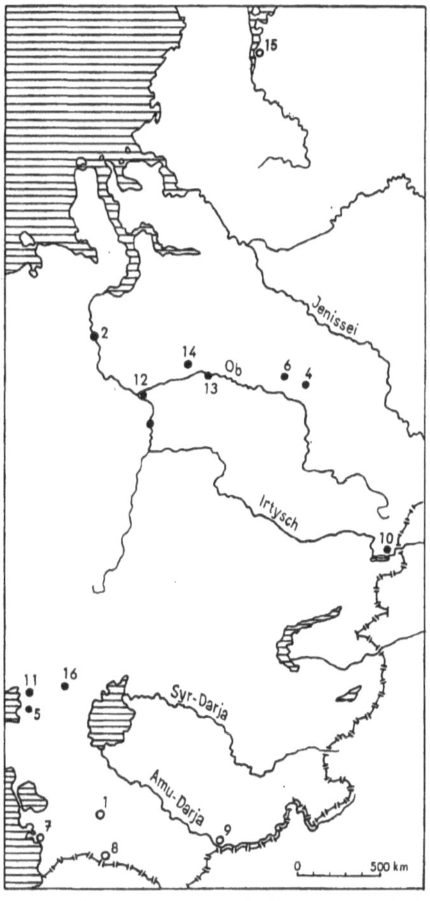

Abb. 2. Lageschema der Profile (Schnitte) und Bohrungen
1 – Basisbohrungen; 2 – zusammengefaßte geologische Profile

5. Die geologischen Schnitte müssen in stratigraphischer Hinsicht möglichst vollständig sein, sie dürfen keine längeren Sedimentationsunterbrechungen aufweisen.

Im Augenblick der Niederschrift dieses Aufsatzes waren von den Verf. sechzehn zusammenfassende geologische Profile (Richtprofile) und Profile von Basisbohrungen untersucht. Sie repräsentieren Zusammensetzung und Bau der mesozoisch-känozoischen Schichtfolgen Westsibiriens, Kasachstans und Mittelasiens.

Die gewählten Schnitte liegen auf dem Territorium der Westsibirischen und der Turanischen Tafel, die ähnliche Hauptzüge des Baues, eine ähnliche Geschichte der allgemeinen Schwingungsbewegungen und eine durch die letzteren bedingte Großzyklizität des Profils (NALIWKIN 1964) aufweisen. Beide Tafeln haben einen deutlichen zweistufigen Aufbau. Das gefaltete Fundament bildet die untere Stufe, es besteht vorwiegend aus dislozierten und metamorphosierten, hauptsächlich paläozoischen Gesteinen. Die obere Stufe setzt sich aus flachgeneigten mesozoisch-kanäzoischen (ab Jura) sedimentären Schichtfolgen zusammen.

Auf beiden Tafeln herrschte ab Jura ein kontinentales Regime der Sedimentation, das in der Kreide fast überall durch ein marines abgelöst wurde. Im Neogen setzte erneut die kontinentale Lithogenese auf dem Territorium der zu behandelnden Tafeln ein; sie dauert praktisch ohne Unterbrechungen bis heute an. In dieser Zeit wurde auf beiden Tafeln der Umbau des Strukturplans abgeschlossen, die rezenten Züge ihres tektonischen Baues bilden sich endgültig heraus.

Die große Ähnlichkeit der Hauptzüge der geologischen Entwicklungsgeschichte, der Sedimentogenesetypen in den Hauptetappen der Geschichte und des Charakters der tektonischen Bewegungen beider Tafeln dienten als Grundlage bei der Wahl der zu behandelnden Profile für die tektonische Spektralanalyse.

Vor der Deutung der für jedes Profil nach dem obenbeschriebenen Verfahren konstruierten Periodogramme mußte man sie ausgleichen. Die Notwendigkeit des Ausgleichens der Periodogramme ergibt sich durch die offenkundige Verzerrung der periodischen Ausgangskurven sowohl aus subjektiven als auch objektiven Gründen.

Die Beschreibungen der geologischen Schnitte sind in der Tat in einem erheblichen Grad subjektiv, wodurch ein und dasselbe Gestein durch verschiedene Bearbeiter ähnlich, aber lithologisch unterschiedlich bestimmt werden kann (z. B. Aleurit oder feinkörniger Sand, karbonatischer oder kalkiger Ton usw.). Wenn man auch berücksichtigt, daß in der Regel die Typenproben der Gesteine im Labor untersucht werden, so bleiben trotzdem in der endgültigen Beschreibung des Profils auch noch die Bestimmungen, die im Gelände ausgeführt wurden, erhalten. Daraus folgt ein unterschiedlicher Grad der Detaillierung bei der Beschreibung geologischer Profile, der sowohl durch die individuellen Fähigkeiten des Bearbeiters als auch durch die Aufgabenstellung für die Untersuchungen bestimmt wird. Nicht immer ist die stratigraphische Gliederung der Profile, die im Verlauf der Zeit revidiert wird, befriedigend. Eine gewisse Entstellung in der Darstellung der periodischen Kurven verursacht wahrscheinlich auch das gewählte Codierungssystem. Schließlich zeichnet auch der Zusammenhang der granulometrischen Zusammensetzung der Gesteine mit den tektonischen

Schwingungsbewegungen im wesentlichen nur die prinzipielle Tendenz des Sedimentationsprozesses für Großperioden, ohne die Verzerrungen des Prozesses durch physisch-geographische Faktoren zu berücksichtigen.

Abb. 3 zeigt, daß der Ausgleich der Periodogramme nach ihren Maximal- und Minimalwerten vorgenommen wurde. Umbiegende fließende Kurven wurden nur durch die Punkte gelegt, in denen sich das Vorzeichen des Periodogramms ändert. Weiterhin wurde eine Kurve gezeichnet, die das Ausgleichen nach Maxima und Minima mittelt.

Nach dieser Operation zeichneten sich auf den ausgeglichenen Periodogrammen ganz deutlich neue Extremwerte ab, von denen zweifellos die Maxima am interessantesten sind. Zur Bestätigung der Zulässigkeit (Sicherheit) dieser auf dem geglätteten Periodogramm erhaltenen Maxima wurden die Häufigkeiten der Extremwerte in den Tabellen bestimmt, die der gefundenen Periode (m) nach vorherigem Glätten der Werte S in der summarischen Reihe nach der Methode des gleitenden Mittels mit einem Glättungsintervall etwa gleich $^1/_4$ m entsprechen. Die Häufigkeiten wurden für die Extremstellen der geglätteten Reihe unter Berücksichtigung der Zeilenextremwerte bestimmt, die in das Glättungsintervall fallen (Tab. 3).

Auf allen Periodogrammen treten die Maxima in ein und denselben Intervallen auf: 8 bis 13, 17 bis 22, 29 bis 34, 41 bis 45, 52 bis 57 und 62 bis 65 Mill. Jahre (Tab. 4). Die recht weiten Grenzen der aufgezählten Intervalle können mit den Fehlern bei der Vorbereitung der geologischen Schnitte zur Analyse aus den obendargelegten Gründen erklärt werden.

Viele der genannten Zyklen (8 bis 13, 29 bis 34, 41 bis 45) waren nach den Arbeiten anderer Wissenschaftler (NALIWKIN 1962; LUNGERSGAUSEN 1963; CHAIN 1964; BALUCHOWSKI 1966, u. a.) bereits bekannt. Fest steht jedoch auch, daß das Spektrum der Perioden in der geologischen Entwicklungsgeschichte der Erde nicht allein mit den aufgezählten Zyklen erschöpft ist. Es kann sich nach beiden Seiten fortsetzen. In der vorgeschlagenen Form ist die Methode der tektonischen Spektralanalyse infolge der Größe des gewählten Schrittes

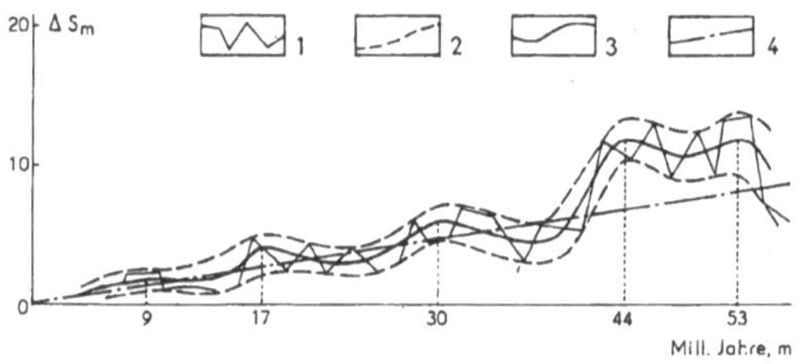

Abb. 3. Periodogramm, konstruiert nach dem Profil im Gebiet der Dörfer Serny Sawod und Darwasa
1 – Periodogramm vor dem Glätten; 2 nach Maxima und Minima geglättetes Periodogramm; 3 – Periodogramm nach dem Glätten; 4 – Trend

(1 Mill. Jahre) nicht in der Lage, kleinere Periodizitäten als 1 Mill. Jahre zu erfassen; größere können wegen der Beschränkung des zu analysierenden Materials (~ 200 Mill. Jahre) ebenfalls nicht ausgeschieden werden.

Von nicht zu bezweifelndem Interesse ist das „Verhalten" der Periodogramme, die geordnete Folgen der Werte $\Delta S/2$ darstellen. Diese Folgen können als Gerade (Trends) dargestellt werden, die vom Koordinatenursprung ausgehen und die gerichtete Entwicklung des Sedimentationsprozesses widerspiegeln. Die Neigungswinkel dieses Trends (Tab. 4) zeigen den Grad der Intensität (die Amplitude) der tektonischen Schwingungsbewegungen. Sie stimmen gut mit den modernen Vorstellungen über die Mobilität jener Gebiete, in denen die entsprechenden geologischen Schnitte liegen (s. Abb. 2), überein.

Folgerungen

1. Die Anwendung der tektonischen Spektralanalyse gestattet, durch tektonische Schwingungsbewegungen bedingte Sedimentationszyklen in der geologischen Entwicklungsgeschichte der Erde auszuhalten.
2. Die Analyse des Materials, das den Verf. zur Verfügung stand, erlaubt die Feststellung, daß in Westsibirien, Kasachstan und Mittelasien im Mesozoikum überall der Zeitdauer nach gleiche Sedimentationszyklen auftraten.

Tab. 4. Die großen Sedimentationszyklen nach den Ergebnissen der tektonischen Spektralanalyse

Bezeichnung des Punktes	Perioden der Zyklen, Mill. Jahre						Lage des Trends Winkelgrade
Saungus-Karakum	9	17	30	44	53	–	10
Basisbohrung Beresowka	12	20	33	43	57	–	15
Basisbohrung Uwat	13	21	32	41	57	–	10
Basisbohrung Tschulym	11	17	31	43	56	–	16
Basisbohrung Jushnaja Emba	11	19	31	45	57	63	12
Basisbohrung Maksimkin-Jarsk	8	20	32	42	–	–	17
Halbinsel Bolschoj Balchan-Krasnowodsk	13	22	30	41	54	65	19
Zentraler Kopet-Dagh	8	20	31	41	–	–	14
Gaurdak-Kugitang	10	19	32	44	52	62	21
Basisbohrung Sajsan	9	19	31	–	–	–	18
Basisbohrung Tugaraktschan	8	21	31	41	55	63	14
Basisbohrung Chanty-Mantijsk	12	22	34	41	–	–	12
Basisbohrung Pokursk	12	20	32	43	54	–	12
Basisbohrung Surgut	10	19	29	41	55	64	11
Syndasko-Bucht	11	18	34	42	–	–	19
Basisbohrung Sewerny Ustjurt	8	17	29	43	56	65	17
Wertintervalle der Perioden	8–13	17–22	29–34	41–45	52–57	62–65	

Literatur

AFANASJEW, G. D., & G. P. BAGDASARJAN: Materialien zur Begründung des Alters der Grenzen zwischen einigen geologischen Systemen und Epochen. – Isw. AN SSSR, Ser. geol., Nr. 11 (1963).
BALUCHOWSKI, N. F.: Geologische Zyklen. – Isd-wo Naukowa dumka (1966).
BELOUSSOW, W. W.: Die Mächtigkeit der Schichten als Ausdruck des Regimes der Schwingungsbewegungen der Erdkruste. – Sowj. geol., Nr. 2–3 (1940).
CHAIN, W. E.: Allgemeine Geotektonik. – Isd-wo Nedra (1964).
CHANOWITSCH, I. G., & G. G. JANOWSKI: Methoden zum Nachweis verborgener Periodizitäten. – Tr. XXI Wses. nautsch. sess. NTO R i E im. A. S. POPOWA (1965).
CHANOWITSCH, I. G., G. G. JANOWSKI, A. I. AJNEMER & N. A. KONISSKAJA: Eine Methode des Überschauens von Zahlengesamtheiten für die Untersuchung des Baues von Profilen sedimentärer Schichtfolgen. – Tr. Wses. n.-i. geol. in-ta, now. ser., **150**, Isd-wo Nedra (1968).
CHENNAN, E.: Zeitreihenanalyse. – Isd-wo Nauka (1964).
KLENOWA, M. W.: Meeresgeologie. – Utsch pedgis (1948).
LUNGERSGAUSEN, G. F.: Über die Periodizität der geologischen Erscheinungen und die Veränderung der Klimate vergangener geologischer Epochen. In: Problemy planetarnoj geologii. – Gosgeoltechisdat (1963).
NALIWKIN, W. D.: Über die Zyklizität der geologischen Geschichte. – Geogr. sb., XV, astrogeologija. Isd-wo AN SSSR (1962).
– Vergleichende Charakteristik der tektonischen Strukturen der Westsibirischen, Turanisch-Skythischen und Russischen Tafel. – Deformazija porod i tektonika. Isd-wo Nauka (1964).
POLEWAJA, N. I.: Absolute geochronologische Skala. – DAN SSSR, **134**, Nr. 5 (1960).
– (Redaktion): Fragen der Geochronologie. Sammelbd. von Aufsätzen. – Isd-wo inostr. lit. (1963).
SCHULEJKIN, W. W.: Meeresphysik. – Isd-wo AN SSSR (1963).
SEREBRENNIKOW, M. G., & A. A. PERWOSWANSKI: Der Nachweis verborgener Periodizitäten. – Isd-wo Nauka (1965).

Die Wiederverwendung von Erdöl-Erdgas-Bohrungen bei hydrogeologischen Erkundungsarbeiten auf industriell verwertbare Wässer

G. I. MAKSIMOW, UdSSR

In der UdSSR wurden in den letzten Jahren 9280 Erdöl-Erdgas-Bohrungen niedergebracht, von denen 3938 (42,4%) nicht fündig waren und verfüllt wurden, entweder infolge technischer Ursachen oder erfüllter geologischer Aufgabenstellung[1]). Mit etwa den gleichen Ergebnissen wurden und werden Bohrarbeiten auch auf dem Territorium des nördlichen Kaukasusvorlands durchgeführt. Die Bohrkosten für jede Bohrung betragen dabei, in Abhängigkeit von der Teufe, einige zehn- bis hunderttausend Rubel.

Mit dem Ziel der Kostensenkung der Erkundungsarbeiten auf Thermal- und Gebrauchswässer, deren Daten hauptsächlich durch Such-, Erkundungs- und Produktionsbohrungen auf Erdöl und Erdgas bekannt wurden, wird empfohlen, den Fonds der gegenwärtig noch existierenden oder bereits früher verfüllten Erdöl-Erdgas-Bohrungen maximal zu nutzen.

Die Beseitigung von Erdölbohrungen im Nordkaukasusvorland erfolgte meistens ohne das Ziehen der Verrohrung durch Entfernen der Übertageausrüstung, durch das Einbringen einer schweren Spülung und durch Setzen von Zementbrücken. Diese früher verfüllten Bohrungen können daher ohne weiteres wieder restauriert werden. Die Kosten für die Restauration früher abgeschriebener Bohrungen betragen den zehnten Teil und weniger als das Abteufen neuer, da nur das Aufbohren der Zementbrücken, das Spülen der Bohrung, die Perforation im Bereich der entsprechenden Horizonte und die Montage der Eruptionsarmaturen erforderlich sind. In der Praxis kann dieser Arbeitskomplex durch Verwenden abgeschriebener, jedoch noch nicht völlig liquidierter Bohrungen sowie der Beobachtungs- und Injektionssonden abgebauter Erdöl-Erdgas-Felder vermindert werden.

Bei der Restauration verfüllter Bohrungen sind auch Komplikationen möglich, z. B. die Bildung von Grifons bei hohen Schichtdrücken usw. Zur Vermeidung von Komplikationen muß deshalb in jedem Fall die Dokumentation über die Bohrung sorgfältig ausgewertet werden (Zementation, Komplikationen beim Abteufen usw.). Es sind nur Bohrungen mit einer guten Zementation zu verwenden. Das kann man an Hand der Bohrlochmeßdaten feststellen.

Die ökonomische Zweckmäßigkeit der Restauration alter Bohrlöcher ruft keinen Widerspruch hervor, weil ein solches Herangehen an die Erkundung wirtschaftlich nutzbarer Wässer zur Einsparung von mehreren zehn Millionen Rubel führt. Als Beweis sollen die vorhandenen Unterlagen der Abteilungen Geologie und Planung der Kaukasischen Betriebsleitung zur Nutzung der Tiefenwärme in der Stadt Machatschkala herangezogen werden. Hier wurden in großem Maße alte Bohrungen wieder in Betrieb gesetzt und für die hydrogeologische Untersuchung und die weitere Nutzung thermaler Wässer zielstrebig ausgenutzt. Die Restaurierungsarbeiten dieser alten Bohrungen wurden vom Trust „Spezpodsemstroj" (Machatschkala) ausgeführt.

Die Kaukasische Betriebsverwaltung zur Nutzung der Tiefenwärme der Erde wurde im März 1966 geschaffen und arbeitet nach der wirtschaftlichen Rechnungsführung mit einer hohen Rentabilität. Auf die hohe Rentabilität des genannten Betriebs wirkte sich vermutlich die Restauration abgeschriebener Bohrlöcher nicht unbedeutend aus, da bei verhältnismäßig geringen Aufwendungen aus ihnen eine bedeutende Menge thermalen Wassers mit außerdordentlich niedrigen Selbstkosten gefördert wird. Nach den Angaben der Abteilung Planung des Betriebs wurden z. B. für die Restauration von 21 Bohrlöchern 215000 Rubel ausgegeben, was etwa den Kosten einer Erkundungsbohrung unter gleichen geologischen Bedingungen entspricht. Bis zum Jahre 1968 wurden von dem Betrieb 33 Bohrungen wiederhergestellt, davon 20 auf der Lagerstätte Machatschkala. Im Ergebnis wird aus allen Bohrungen eruptiv gefördert mit Förderraten von 170–3120 m^3/d und einer Temperatur am Sondenkopf von 25 bis 75,6 °C. Die Mineralisation des geförderten Wassers schwankt zwischen 1,22 und 15,6 g/l, und der Überdruck am Sondenkopf beträgt 0,5 bis 5,98 at.

Auf der Lagerstätte Ternair wurden sechs Bohrungen restauriert, deren Förderraten bei einer Sondenkopftemperatur von 57 bis 65 °C zwischen 770 und 2000 m^3/d

---

Aus: „Raswędka i ochrana nedr", H. 4, S. 61–62, Moskau 1971. Übers.: H. SCHNEIDER.

[1]) N. M. FROLOW & L. S. JASWIN: Fragen der Suche und Erkundung von Thermalwässern. – „Sowjetskaja geologija", H. 3 (1963).

schwanken. Die Mineralisation des Wassers beträgt 3,9 bis 32,5 g/l, der Überdruck am Kopf 3,9 bis 4 at.

Auf der Lagerstätte Isberbas restaurierte man drei Bohrungen und auf der Lagerstätte Chankalin vier. Die mittlere Teufe der Bohrungen beträgt 1300 bis 1500 m.

In der folgenden Tabelle werden konkrete ökonomische Daten über einzelne Bohrungen verschiedener Lagerstätten gebracht:

Tabelle

Lagerstätte	Bohrteufe in m	Restaurierte Teufe in m	Kosten der Restauration in Rubel
Machatschkala	1910	1320	11184
	1505	1445	16292
Ternair	1663	1498	16292
	1801	1500	6439

Nur durch die in breitem Ausmaß durchgeführten Restaurationsarbeiten an Bohrlöchern, die bereits abgeschrieben waren und damit ohne bilanzierte Kosten in die Betriebsrechnung eingingen, kann man die außerordentlich niedrigen Selbstkosten der Thermalwässer erklären. Im Bereich des genannten Betriebs betragen die Restaurationskosten im Mittel 5,68 Kopeken pro m^3 (geplant waren 6,6 Kopeken). Die Kosten der nutzbaren Tiefenwässer der vorhandenen Solebetriebe betrugen dagegen 24—28 Kopeken pro m^3 (Tschelekenski und Neftetschalinskij Jod-Brom-Betriebe).

Die Erfahrungen der Kaukasischen Betriebsverwaltung zur Nutzung der Tiefenwärme der Erde ist unbedingt breit zu propagieren und in die Praxis der Erkundung von Tiefenwässern einzubeziehen.

Im Falle eines solchen Herangehens an die Erkundung bei sehr niedrigen Aufwendungen können die hydrogeologische Erkundung einer Lagerstätte und die Einschätzung ihrer nutzbaren Wasservorräte höherer Kategorien viel umfassender und gründlicher vorgenommen werden. Die wesentlichsten geologischen Daten über die Stratigraphie, Lithologie und Tektonik solcher Lagerstätten sind bereits durch die Erkundungsarbeiten auf Erdöl und Erdgas bekannt. Außerdem erlauben die geringen Aufwendungen die Verwendung einer viel größeren Anzahl von Sonden für die Versuchsförderung und die Berechnung der hydrodynamischen Parameter.

Die Geologische Betriebsverwaltung des Nordkaukasus empfahl einzelne Lagerstätten nutzbarer Tiefenwässer für weitere Untersuchungen und Erkundung einschließlich der Vorratsberechnung. In der Hauptsache sind dies abgebaute Erdöllagerstätten, auf denen eine durchaus ausreichende Anzahl von Bohrungen niedergebracht wurde, die für hydrodynamische Untersuchungen, für die hydrogeologische Erkundung und sogar zur Probeförderung verwendet werden können.

Autorenkollektiv[1])

VIII. Welterdölkongreß in Moskau 13.–19. 6. 1971 – Informationsbericht, Fortsetzung –

Geophysik

Neue geophysikalische Erkundungsmethoden

Seismische Untersuchungsverfahren von tiefliegenden komplizierten Strukturen

Zur Untersuchung tiefliegender kompliziert gebauter Strukturen werden nach A. S. BORISEWITSCH, L. A. RYABKIN und N. T. TURCHANENKO in der UdSSR die speziell dazu entwickelten Methoden RNP und die seismische Vertikalprofilierung (VP) angewendet. Die Anwendung erfolgte in der Ukraine, insbesondere der Dnepr—Donez-Senke). Zum Einsatz gebracht wurde eine Kombination der Verfahren RNP, VP, CRP und Refraktionsseismik. Besonders bei stark veränderlichen Geschwindigkeiten erwies sich die Berechnung hypothetischer Geschwindigkeitsmodelle mit Hilfe von Digitalrechnern als besonders vorteilhaft. Die Kombination dieser Methoden erlaubt, sowohl das Relief der Fundamentoberfläche als auch die Schichten des Deckgebirges mit ausreichender Genauigkeit zu untersuchen. Mit Erfolg wurden Sedimentschichten bis zu 10 km Mächtigkeit untersucht. Gleichfalls gute Ergebnisse wurden in mächtigen meso-känozoischen Sedimenten erhalten sowie den Schichten des Karbons.

Die Berechnungen wurden auf einer Anlage vom Typ BESM-4 durchgeführt. Die verwendeten Programme waren für die Lösung der zweidimensionalen direkten und inversen Aufgabe der Seismik sowie für die Berechnung der Strahlendiagramme für verschiedene Schichtmodelle ausgelegt.

Die VP wird besonders unter den komplizierten geologischen Bedingungen der Ukraine zur Bestimmung der kinematischen und dynamischen Charakteristika der seismischen Wellen verwendet sowie als Unterstützung für die Korrelation der einzelnen stratigraphischen Horizonte. Die Analogausrüstung für RNF-Messungen wurde so vervollständigt, daß eine automatische Auswahl der Wellen und Auswertung des Tiefenprofils möglich wurden.

Das Analog-Digital-System umfaßt den Prozeßrechner für die Parameter, die durch Analogstapelung bearbeitet werden. Das Programm für die logischen Operationen ist vorbereitet. In Zukunft ist vorgesehen, veränderliche Geschwindigkeiten und dreidimensionale Interpretationen zu verwenden.

Komplexe gravimetrische, seismische und magnetische Untersuchungen im Kontinentalschelfbereich

Über die Erkundung des Kontinentalschelfs von Australien berichtete K. P. VALE. Sie begann 1965 und wurde seit dieser Zeit von den küstennahen Bereichen bis in Bereiche mit Wassertiefen von 4000 m (1971/72) fortgesetzt. Begonnen wurden die Untersuchungen mit der aeromagnetischen Vermessung sowie anderen geophysikalischen Untersuchungen auf dem Festland.

Die eingesetzte Technik war so gewählt, daß folgende Probleme geklärt werden können:

a) die Struktur und die Mächtigkeit der Sedimente in den Sedimentbecken und die Korrelation der stratigraphischen Horizonte zwischen den Ergebnissen vom Festland und dem Off-shore-Gebiet;

b) die Beziehungen von Gravimetrie, Magnetik und seismische Geschwindigkeitsprovinzen im Off-shore zu den

[1]) Autorenkollektiv: H. DUBSLAFF, K. FISCHER, A. FRANK, B. KÖLBEL, J. SCHELER, A. SÖLLIG, P. TEUMER, R. WIENHOLZ, F. ZELT.
Redaktionelle Bearbeitung F. ZELT.

Orogenstrukturen oder zu den metamorphen Provinzen und die mögliche Korrelation mit den Festlandsgebieten;

c) Ausgliederung der Hauptelemente der Kruste (mobile und stabile Gebiete) oder ultramaphische Gürtel und ihre dreidimensionale Ausdehnung;

d) Untersuchung des Übergangs und des Zusammenhangs zwischen der kontinentalen und der ozeanischen Kruste.

Bisher wurden die Untersuchungen in drei Etappen durchgeführt. Der vierte Einsatz erfolgte 1970 unter Anwendung eines Systems zur digitalen Aufzeichnung der Daten der Gravimetrie und Magnetik, des Dopplereffekts, des Syrokompasses, des Schiffslogs, der niederfrequenten Radiowellen und des Tiefen- und Windmessers.
Durch Einbeziehung der Satelliten wurde das System der Navigation vervollkommnet. Die seismischen Ergebnisse wurden mit einem frequenzmodulierten Bandgerät aufgezeichnet. Die Methodik bestand in einer Rayonierung der gravimetrischen und magnetischen Daten. Mit Hilfe der Seismik wurden entsprechende Aussagen über die Verteilung der Sedimente u. a. Angaben gewonnen und die perspektivischsten Gebiete für die Erkundung ausgewählt. Zur Erkundung des Schelfgebiets wurde ein geophysikalisches System erarbeitet. Insgesamt verfügt dieses System über drei Rechenanlagen (8000 Wörter, 16 bit), wovon zwei für die Speicherung, Berechnung und Ausgabe der Daten der Seismik, Gravimetrie, Magnetik, der nautischen Angaben und ein Rechner für die Probleme der Satellitennavigation verwendet werden.
Für die nähere Zukunft ist ein On-line-Deconvolver vorgesehen für die weitere Verbesserung der reflexionsseismischen Daten. Auch ist eine kontinuierliche Aufzeichnung anderer Parameter des Wassers, wie z. B. des Gasgehalts, der Salinität, der Temperatur und der Berechnung der Wasserströmungen, ins Auge gefaßt.

Ergebnisse der Entwicklung seismischer Methoden zur Ozeanforschung

Im Zuge einer Intensivierung der Ozeanforschung wird der Erkundung durch seismische Methoden große Bedeutung beigemessen. Dabei kommen neue und verbesserte Verfahren der Schußtechnik und der Signalaufnahme zur Anwendung (schwimmende Bojen mit telemetrischen Übertragungssystemen, subversible Instrumententräger). Zur Interpretation der Ergebnisse wird als neue Methode die sogenannte „Trapezoid-Methode" angewendet. Die Aufzeichnung der Ergebnisse erfolgte grundsätzlich auf entsprechende Magnetbänder.
Wie H. BUNGENSTOCK u. a. berichteten, wurden bei der Interpretation mathematischer Verfahren und Programme zur Berechnung der theoretischen Laufzeitkurven und deren schrittweise Annäherung an die geologischen Modelle durchgeführt. Der Einsatz des Instrumententrägers erfolgte bis zu Wassertiefen von 250 m und bis zu 12 Stunden.
Zur Verbesserung der Anregungsbedingungen wurden entsprechende Untersuchungen durch Unterwasseraufnahmen gemacht (Einsatz einer schnell arbeitenden Unterwasserkamera). Durch das Studium der Signalform unter Wasser gelang es, die Intensität der multiplen Wellen sowie andere spezifische Störeinflüsse zu reduzieren. Die Auswertung der digital erfaßten Einzeldaten erfolgte über EDVA. Zu beachten sind dabei jedoch die relativ hohen Kosten, so daß dieser Weg nur bei günstigen ökonomischen Aussichten beschritten wird.

Erfassung geologischer Objekte mittels Satellitennavigation

Mit Hilfe künstlicher Erdsatelliten ist nach M. B. DOBRYN die Bestimmung der Koordinaten von Objekten der Meereserkundung sowie von Erdöl-Erdgas-Bohrungen mit der entsprechenden Genauigkeit möglich. Durch Beobachtungen im Verlauf von zwei oder drei Tagen kann man die Bestimmung der Koordinaten mit 15 m Genauigkeit erreichen. Neben der Bestimmung der Koordination von Bohrungen ist die Verwendung künstlicher Satelliten für die Navigation sehr gut möglich. Verwendet werden dabei entsprechende Navigationssatelliten und das Dopplersystem „Sonar", wobei eine Genauigkeit in der Kurzbestimmung des Schrittes von 75 m erreicht wird.

In einer Vielzahl von Gebieten, in denen Ozeanforschung betrieben wird, ist der Einsatz anderer radiogeodätischer Verfahren kaum möglich, oder es wird keine so hohe Genauigkeit erzielt.

Interpretation seismischer Daten mit Hilfe mathematischer Methoden

Interpretation seismischer Untersuchungsergebnisse mit Digitalrechnern

Zur Vergrößerung der Rechengeschwindigkeiten werden generell neue Methoden der Aufbereitung und der Digitalisierung entwickelt. Die Einführung von Digitalrechnern gestattet, Korrelationsfunktionen zu berechnen, die Stapelung usw. vorzunehmen. Die Arbeiten zur Schaffung der notwendigen Voraussetzungen werden nach M. K. POLCHKOW u. a. grundsätzlich nach zwei Gesichtspunkten durchgeführt:

a) Schaffung von exakten optimalen Algorithmen für die Interpretation und

b) Entwicklung von heuristischen Methoden der Analyse.

Die mathematische Basis für die optimalen Algorithmen wird der Wahrscheinlichkeitsrechnung entnommen. Der optimale Algorithmus ist frei von störenden Einflüssen einschließlich von sich wiederholenden Schätzungen einer Reihe von Parametern (Ankunftszeiten, Scheingeschwindigkeit und Amplitude). Die heuristische Lösung basiert auf Modellen aus der Technik der manuellen Interpretation.
In der komplexen Phase der Interpretation, d. h. während des Erkennens der Reflexionen und der Korrelation, werden die Erfahrungen von RNP verwendet. Für diesen Zweck wird die Konfiguration der reflektierenden Zwischenschicht abgeschätzt und mit dem Ergebnis des Zeitbereichs für die Skizzierung des Horizonts aus einer Gruppe von Reflektoren verwendet.
Für beide dargelegten Wege liegen in der UdSSR erste Ergebnisse sowohl von Modellversuchen als auch von Arbeiten im Feld vor. Die erreichten Ergebnisse werden als ermutigend bezeichnet. Besonders die Kombination der beiden Methoden (RNP und CRP) zeigt, daß eine Reihe von Informationen zusätzlich gewonnen werden kann. Dadurch wird ermöglicht, komplizierte Probleme einer Lösung näherzubringen, z. B. bessere Deutungsmöglichkeiten im Falle von Interferenzen und kontinuierliche Interpretation von Reflektoren über das gesamte Profil.
In den USA wird, nach S. FREITAL, davon ausgegangen, daß die Erhöhung der Bearbeitungsgeschwindigkeiten sowohl von der hardware als auch von der software abhängig ist.
Durch die ständigen Verbesserungen auf diesen Gebieten konnte die geophysikalische Erkundung ökonomisch gestaltet werden. Die Einführung neuer schneller Rechenprozesse erlaubt gleichfalls eine ökonomische Durchführung der Rechenarbeiten. Der optimale Least-square-Filter war anfangs nur in Form einer allgemein schwer zu bearbeitenden Lösung einer Integralgleichung bekannt. Später erkannte man, daß eine diskrete Darstellung des Filters in einem Zeitbereich durch ein lineares System von Simultangleichungen erhalten werden kann. Ein von LEVINSON & ROBINSON entwickelter Algorithmus, der von einer symmetrischen Anordnung dieser Gleichungen ausgeht, führte zu einer enormen Verkürzung der Rechenzeit und Reduzierung der erforderlichen Speicherfolge. Eine bedeutende Rationalisierung des Bearbeitungsprozesses ergab sich ferner durch die Einführung von speziellen peripheren Zusatzgeräten.
Die neue Generation von Digitalrechnern basiert auf dem Prinzip der arithmetischen Parallelität. Diese Anlagen sollen aus einer Anordnung von gekoppelten arithmetischen Elementen bestehen, jedes von ihnen ist für die Ausführung einer Reihe von simultanen Operationen programmierbar.

Automatische Wandlung seismischer Profile

Mit Hilfe automatischer Verfahren war es möglich, seismische Zeitschnitte ohne Verlust an Informationen in Tiefenschnitte umzuwandeln, was zu einem bedeutenden Zeitgewinn in der Auswertung führen kann (CH. HEMON). Die Anwendung von Prinzipien der Holoseismik erlaubt, detailliertere Angaben über den Tiefenbau auch bis zu großen Tiefen zu erhalten. Die mit der Holoseismik erreich ten Ergebnisse unterscheiden sich in den angeführten Beispielen deutlich, z. B. hinsichtlich der Verfolgbarkeit der Reflexionen, von den Ergebnissen der konventionellen Seismik.

Zur umfassenden Anwendung der Prinzipien der Holoseismik sind leistungsfähige Rechner mit großer Speicherkapazität erforderlich. Die dargelegten Ergebnisse zeigen, daß die Anwendung der Holoseismik zu einer Verbesserung der Aussage der Seismik auch unter komplizierten geologischen Bedingungen führt.

Über die Verwendbarkeit von seismischen Daten und ihre Bearbeitung mittels statistischer Methoden

Neben der Kartierung von Horizonten durch die seismische Erkundung ist erforderlich, auch die anderen Parameter aus den seismischen Daten zu gewinnen. Besonders die Gewinnung von Daten der Intervallgeschwindigkeiten und Informationen über die Stratigraphie sind notwendige Zusatzinformationen zur Vervollständigung der Interpretation der Seismik.

Neben der geologischen Interpretation ist eine umfassende geophysikalische und rechentechnische Bearbeitung unumgänglich. Diese Bearbeitung ist die entscheidende Grundlage für die Entwicklung umfassender geologischer Modellvorstellungen. Besonders aus der Kombination von geologischen, lithologischen und den zahlreichen geophysikalischen Fakten sind hinreichende Aussagen möglich (z. B. Kombination von Intervallgeschwindigkeiten, Strukturkarte und Sand:Ton-Verhältnis).

Die Einführung der CRP-Methode, die rechentechnische Bearbeitung der Daten und die vielfältigen Möglichkeiten der EDV zur Bearbeitung großer Datenmengen erlaubten, auch umfassende Untersuchungen über die lithologischen Charakteristika anzustellen. Die Kombination von zwei Daten, der Geschwindigkeit und der Dämpfung, kann die Ausbeute an unzweideutigen Bestimmungen der lithologischen Mächtigkeit und folglich auch der Beantwortung der Frage „Was ist das für ein Gestein?" dienen.

Die statistischen Methoden, insbesondere die Kreuzkorrelation der seismischen Spuren, haben wesentlich zur Verbesserung der Aussagekraft der digitalseismischen Ergebnisse geführt, insbesondere bei der Geschwindigkeitsanalyse und bei der Bestimmung der statischen Restkorrekturen. Es ist möglich, die statistischen Methoden direkt bei der Untersuchung von lithologischen Veränderungen und beim Erkennen von Störungen kleiner Sprunghöhe anzuwenden. Kleine Störungen verursachen Zeitabweichungen im Seismogramm, während lithologische Veränderungen keine Änderung der Axialität der Signalform bedingen. Diese Probleme sind durch die Ergebnisse der CRP-Routineprozesse nachweisbar (Analyse des Rest-move-out, statische Restkorrekturen). Die Ergebnisse von Modellversuchen konnten im praktischen Feldeinsatz bestätigt werden.

Bohrlochphysik

Die Bohrlochgeophysik hat eine gewaltige Entwicklung genommen. Es wurden kombinierte Geräte entwickelt, deren Effektivität durch moderne Auswerteverfahren über EDVA noch erheblich gesteigert wurde. Es wurden folgende Kombinationen entwickelt: Induktionslog–Akustiklog–spontane Polarisation-γ-Strahlen und Kombination Dichte-Neutronen-Gamma- und Kalibermessungen.

So wird z. B. bei Einsatz der Impulsneutronentechnik in Japan eine kleine Neutronenröhre verwendet, die die notwendige γ-Strahlung erzeugt. Bei der Analyse werden sowohl die Konzentration der thermischen Neutronen als auch die aus dem Einfangvorgang resultierende sekundäre Gammastrahlung gemessen. Diese Technik ermöglicht, neben einer sicheren Bestimmung der Porositäten der einzelnen Gesteine auch die Verteilung von Lagerstättenwasser und Öllagern zu bestimmen (Untersuchung des Energiespektrums bei der Bestimmung des Wasserkontakts).

Bei anderen Verfahren wurden Kombinationen zwischen Laterolog–Bohrlochfernsehsonde und seitlicher Kernentnahme angewendet. Auch für Bohrungen mit kleinem Durchmesser wurden entsprechende Sonden entwickelt. Für Tiefbohrungen unter produzierenden Bedingungen wurden eingesetzt: Flowmeter, Gradiomanometer, Dichtemesser, Kalibermesser, Ringraumlokator.

Mit Hilfe der EDVA sind eine umfassende Bearbeitung und Ausschöpfung des Dateninhalts gewährleistet. Für die weitere Zukunft sind vorgesehen:

Einsatz weiterer kombinierter komplexer Meßsonden;
direkte Untersuchung der Reservoirparameter;
Untersuchungen der Formationsporosität, Permeabilität, Ermittlung von Totalreserven.

Neben dem durch die Auswertung über EDVA erhaltenen Informationszuwachs konnte eine wesentliche Reduzierung der Standzeiten der Bohrungen erreicht werden und damit ein wesentlicher Beitrag zur Ökonomie der Erkundung geleistet werden.

Bohrtechnik

Neues in der Bohrtechnik

Der Komplex behandelt — ausgehend von der Kostenentwicklung in den Bohrfeldern der USA — die Möglichkeiten und Notwendigkeiten der Weiterentwicklung von Technologie und Technik.

In den USA stiegen von 1960 bis 1969 die reinen Bohrkosten um 24,3% und die Gesamtkosten je Bohrung um durchschnittlich 38,5% an. Die Entwicklung der Bohrmeterkosten (Durchschnittstiefe 1650 m) im Vergleich zu den Gesamtkosten in Gegenüberstellung der Jahre 1965 und 1969 zeigt folgendes Bild:

	1965	1969	%
Reine Bohrkosten \$/m	12,50	14,40	+16
Versorgungskosten (Transport, Aufbau usw.)	11,20	14,15	+27
Komplettierungs- und Ausrüstungskosten \$/m	19,80	29,70	+50
Gesamtkosten \$/m	43,50	58,25	+ 34

Im gleichen Zeitraum (1965–1969) hielt der bestehende Trend an, mit weniger Bohranlagen bei größer werdender Durchschnittsteufe etwa die gleiche Gesamtbohrmeterzahl zu erreichen. Die Zahl der Bohrungen fiel um annähernd 20%; die Durchschnittsteufe erhöhte sich um 11,5%. Die Zahl der eingesetzten Bohranlagen verringerte sich um 35%; die Bohrmeterleistung blieb etwa konstant mit 50000000 m pro Jahr. Die Bohrtätigkeit wuchs an in weiter entfernten und klimatisch schwierigeren Gebieten (hoher Norden, Dschungelgebiete und Wüstenlandschaften) sowie auf dem „Off-shore"-Sektor.

Zur Zeit werden Bohrungen von 10000 m Teufe vorbereitet; 5000-m-Bohrungen zählen als nicht ungewöhnlich. Ein neuer Teufenrekord wird wahrscheinlich Ende 1971/Anfang 1972 mit dem Abschluß und Test der 9570 m tiefen Bohrung Beckham Country (Oklahoma/USA) erreicht.

Die wichtigsten Fortschritte auf dem Gebiet der Bohrtechnologie, die einen Einfluß auf die Kostensenkung in den letzten vier Jahren hatten, sind:

die Entwicklung feststoffarmer, nichtdispergierter Polymerspülungen;
verbesserte Meißeltypen mit verschleißfesten Zahnprofilen (insert-gesinterten Rollen) und Lagern;
die Anwendung optimaler Bohrtechnologien und -regimes.

Durch den Einsatz feststoffarmer, nichtdispergierter Spülungen auf Polymerbasis werden höhere Penetrationsraten und längere Meißelstandzeiten erzielt. Für sehr hohe Temperaturen hat sich die Anwendung von ölbasischen Spülungen als günstig erwiesen. Die wesentlichste Neukonstruktion bei den Meißeln bildet ein verschleißfester Rollenmeißeltyp, bei dem Wolframkarbidstifte mit konischem Winkel von 3° in die Rollen eingesetzt sind. Dieser Meißeltyp ersetzt hinsichtlich seiner Leistung fünf konventionelle bzw. drei ältere Kobra-Meißeltypen und ist zum Einsatz in weichen Schiefern sowie harten Gesteinen geeignet. Beim Einsatz in feststoffarmer Spülung werden Meißelstandzeiten von 200 h erreicht. Der Einsatz von Computern ermöglicht wesentliche Fortschritte in der Optimierung des mechanischen Bohrprozesses.

Auf dem Gebiet der Ausrüstungstechnik haben folgende Neuentwicklungen und Verbesserungen von Bohranlagen und Werkzeugen zur Steigerung der Effektivität beigetragen. So gelangten u. a. zum Einsatz:

Anlagen für Großlehrbohrungen bis 144″ = 3,95 m ⌀; es werden bereits Teufen von fast 2000 m mit einem Enddurchmesser von 96″ = 3,17 m erreicht.
Der Prototyp einer automatischen Bohranlage (automatische Ein- und Ausbauoperationen) befindet sich in den USA in Erprobung.
Neue „Flexodrill"-Bohranlagen werden in den USA, Frankreich und der UdSSR entwickelt.
Es wurden zahlreiche Off-shore-Bohranlagen in den letzten Jahren gebaut, wobei der Trend hinsichtlich der Konstruktion in Richtung der „Semisubmershible"-Typen (die Bohrplattform wird durch Lenzen großer untergetauchter Schwimmtanks aus dem Wasser gehoben) zielt.
Auf Grund der zunehmenden Bohrtätigkeit in schwer zugänglichen Gebieten wurden hoch transportable, sogenannte „stratigraphische" Bohranlagen mit Teufenkapazität bis 3000 m und darüber entwickelt.
Für Lufttransporte in Großflugzeugen (bis 40 Mp Tragfähigkeit) und Hubschraubern (bis 20 Mp Tragfähigkeit) werden Großblockeinheiten in standardisierter Form entwickelt, die die Transportkosten und Montagezeiten herabsetzen.
Für Richtbohrzwecke (sowohl in Off-shore-Gebieten wie auch in Kanada und Alaska) wurde eine Bohranlage mit hydraulisch neigbarem Mast entwickelt. Die konventionell übliche „S"-Kurve für Richtbohrzwecke wird bei diesem Anlagentyp durch eine stärker auf den Zielpunkt gerichtete Bohrung ersetzt.
Auf dem Gebiet der Unterwasserkomplettierung wurden zahlreiche Neuentwicklungen vornehmlich zur Verbesserung der Sicherheitstechnik, der computergesteuerten Manipulatoren für Unterwasseroperationen und der elektronischen Kontrolle der Ausrüstungen in verstärktem Umfang eingesetzt. Bohrungen in Wassertiefen über 100 m sind nicht mehr außergewöhnlich, 1969 wurden drei Bohrungen im Santa-Barbara-Kanal, Kalifornien, in Wassertiefen von 310 bis 430 m abgeteuft und zur Förderung komplettiert.
Zahlreiche Neuentwicklungen von automatischen Maschinenzangen, Abfangkeilen, Kraftspülköpfen werden zur Verkürzung der Round-trip-Zeiten in großem Umfang eingeführt.
Einige Neu- und Weiterentwicklungen sind auf dem Gebiet des E-Antriebs von Bohranlagen sowie des Gasturbinenantriebs erfolgt. Es wurden neue Triplexpumpen für hohe Drücke und Förderleistungen sowie verbesserte komplexe Spülungsaufbereitungssysteme eingeführt.
Verbesserte Wohnkomplexe (improvement in camps) führten zu besseren Lebensbedingungen der Bohrmannschaften und höherer Moral (better morale) und im Ergebnis dessen zur Steigerung der Leistung bei den Bohrarbeiten.
Moderne Wärmeeinheiten ermöglichen das Bohren in den extrem kalten Gebieten Alaskas und Nordkanadas.
In großem Umfang wurden automatische Kontrollinstrumente und Kontrollsysteme zur Überwachung des Bohrprozesses und besonders der technischen Sicherheit eingesetzt. Die automatische Kontrolle des Bohrprozesses mit Computern und Monitoren steht noch am Anfang der Entwicklung, in wenigen Jahren wird ein komplexes automatisches Computerkontrollsicherheitssystem auf den Bohranlagen eingesetzt werden können.
Moderne Kommunikationsmittel gestatten auch bei weitentfernten Bohranlagen die technologische Betreuung durch Experten und ermöglichen ein sicheres, havariefreies und effektiveres Abteufen der Bohrungen.
Hinsichtlich der Entwicklung verbesserter untertägiger Bohrausrüstungen werden neu oder in verbesserter Qualität erprobt: neue hochfeste Stahllegierungen, korrosionsresistente Alugestänge, verstärkte (starkwandige) Bohrgestänge als Ersatz für Schwerstangen, konzentrische Bohrgestänge (zum Zweck der Anwendung belüfteter Spülung), überdimensionierte Schwerstangen mit Ausdrehungen, Schwerstangen mit Schnellverbindungen, verbesserte Stabilisatoren und Oberflächenpanzerung.
Bei den Diamantbohrwerkzeugen gibt es Neuentwicklungen und Verbesserungen hinsichtlich der verbesserten Meißelform (vor allem verbesserte Ausbildung der Spülkanäle), bessere Anpassung an die zu zerbohrenden Gesteine und der Nutzung billiger Industriediamanten. Bei den Rollenmeißeln geht der Trend zur Anwendung verlängerter Spülungsaustrittsstutzen mit Hartmetalldüsen.
In Ergänzung der bekannten Perkussionsbohrmethode mit Luftantrieb wurde ein mit Spülung angetriebener Perkussionsbohrer entwickelt, durch dessen Einsatz die Penetrationsraten in sehr harten Gebirgsschichten um das 2- bis 4fache gesteigert werden.

Neben der verbesserten Ausrüstungstechnik und der Optimierung des mechanischen Bohrprozesses hat sich die Ausarbeitung detaillierter Prozeßabläufe als zweckmäßig erwiesen.

Als weitere Möglichkeit der Leistungssteigerung und der Kostensenkung wurde in den letzten Jahren der Verzicht auf einen möglichst geradlinig-vertikalen Verlauf des Bohrlochs erkannt. Unter Nutzung des natürlichen Einfallens der Schichten geht bei entsprechenden Profilen der Trend zu einem kurvenlinearen Bohrlochverlauf, bei dem nur der spezifische Neigungsaufbau begrenzt wird.

Technische Weiterentwicklungen in den nächsten Jahren (bis zum IX. Welterdölkongreß) sind zu erwarten auf dem Gebiet der:

Automatisierung des Gestängeein- und -ausbaus;
Technik des Richtbohrens und der Mehrlochbohrungen von festen Lokationen;
untertägigen Prüf- und Kontrollgeräte;
Leichtbauweise und verbesserten Mobilität von Bohranlagen;
Konstruktionen von schweren Bohranlagen für übertiefe Bohrungen (10000 m und darüber);
Herstellung verbesserter Spezialgestänge mit hochfesten temperatur- und korrosionsbeständigen Metallegierungen;
weiteren Verbesserungen der Unterwasserkomplettierungsausrüstungen;
Herstellung neuer Zementtypen für übertiefe Bohrungen;
Konstruktion langsam laufender Sohlenantriebe;
Herstellung leistungsfähiger Flexodrillausrüstungen.

Auf dem Gebiet der Bohrspülungen wird sich der Trend zum Einsatz tonfreier Spülungen und zur Bekämpfung der Instabilität des unverrohrten Bohrlochbereichs mit Hilfe der Spülung fortsetzen.

Auf dem Gebiet der Bohrtechnologie wird die Weiterentwicklung von Diamantbohrwerkzeugen und konventionellen Rollenmeißeln bei gleichzeitiger Verbreiterung des Einsatzbereichs eines mehr oder weniger einheitlichen Rollenmeißeltyps für mehrere Gesteinsfestigkeiten anhalten. Die Anwendung des Hochdruckdüsenbohrens bis 700 kp/cm^3 wird mit der Entwicklung stärkerer Pumpen und hydraulisch verbesserter Bohrgestänge für weiche und mittlere Gesteine in verstärktem Umfang erfolgen. Die Fortschritte auf dem Gebiet der Kontrolle, Überwachung und Automatisierung der Mehrdatenerfassung werden zum Einsatz von halbautomatischen computer-kontrollierten Bohranlagen führen.

In weiter Zukunft (8—10 Jahren) werden die Entwicklung des Flexodrillverfahrens für große Teufen, die direkte Überwachung (monitoring) der Meißelarbeit an der Bohrlochsohle sowie die komplexe Computersteuerung des Bohrablaufs die wichtigsten technisch-technologischen Fortschritte erbringen.

Probleme, technische Ausrüstungen und Lösungswege für das Abteufen von sehr tiefen Bohrungen

Probleme der Bohrtechnik zur Niederbringung von 15000-m-Bohrungen in der UdSSR

Dieser Komplex beinhaltet die Problematik und Durchführung von Bohrungen bis 15000 m, die gegenwärtig in der UdSSR laufen bzw. beginnen werden, sobald die technischen Ausrüstungen und technologischen Verfahren zur Verfügung stehen.

Objekt 1: Bohrungen zur Erkundung des Granit-Basalt-Komplexes des „Baltischen Schildes";
Objekt 2: Bohrungen zur Erkundung der 6000 bis 7000 m mächtigen öl- und gasführenden Schichten sowie des tieferen relativ jungen Granit-Basalt-Komplexes in der „Kura-Niederung" (AsSSR);
Objekt 3: Bohrungen zur Erkundung der 15000 m mächtigen Sedimentablagerungen der „Kaspisenke";
Objekt 4: Bohrungen im Gebiet großer Wassertiefen (Japanische See oder an der Küste der Kurilen) zur Erkundung der obersten Schichten des Erdmantels.

Folgende prinzipiellen Probleme müssen zum Abteufen der ersten beiden 15000-m-Bohrungen (Baltischer Schild und Bohrung Saatlin-Kura-Niederung) gelöst werden:

a) Niederbringung und Verrohrung (1. Etappe) bis Teufe 7000 bis 7500 m in 6 bis 7 Jahren. Danach weitere Verteufung bis 15000 m mit Bohrlochdurchmesser 214 mm. Falls erforderlich, müssen diese Bohrlochabschnitte verrohrt werden.
b) Entwicklung von Bohrwerkzeugen mit hohen Standzeiten, die maximalen Kerngewinn bei minimalem Round-trip gewährleisten.
c) Trotz der bestehenden Unkenntnis der Schichten müssen die unbekannten Intervalle mit einem Minimum an Havarien durchbohrt werden.
d) Schaffung der Voraussetzungen zur Reduzierung der Round-trip-Zeiten im Teufenbereich über 7000 bis 8000 m.
e) Gewährleistung und ständige Überprüfung des unversehrten Zustands der verrohrten Bohrlochintervalle.

Entsprechend dem technologischen Stand und der vorhandenen Ausrüstungstechnik werden zwei Phasen dieser Projekte gleichzeitig realisiert:

mit der vorhandenen Ausrüstungstechnik und den Technologien Abteufen der Bohrungen bis 7000 m;
bis zu diesem Zeitpunkt Meisterung der Technik und Technologie (verstärkte Bohranlagen, Gestänge, Bohrwerkzeuge, Spülungsrezepturen u. a.) zur weiteren Vertiefung dieser Bohrungen.

Die Bohrung auf dem „Baltischen Schild" wurde im Mai 1970 begonnen. Gegenwärtig werden die Erweiterungsarbeiten und der sektionsweise Einbau der 16 3/4″-Kolonne bis 2300 m abgeschlossen. Die Arbeiten zur Herstellung der Bohrausrüstungen für den 2. Bohrlochabschnitt werden demnächst beendet.

Mechanische Probleme und Lösungswege zum Abteufen von Bohrungen mit sehr großen Teufen

Der Trend zum Abteufen von tiefen Bohrungen bis 6600 m hält besonders in den USA an. Die tiefste Fördersonde produziert gegenwärtig aus einer Teufe von 7532 m, weitere Bohrprojekte in den Gebieten von Westtexas und Oklahoma mit noch größerer Teufe sind in Vorbereitung bzw. werden durchgeführt.

Die derzeitig vorhandenen schwersten Bohranlagen gestatten das Erreichen von Teufen von 10000 bis 11000 m. Es ist anzunehmen, daß die erste 15000-m-Bohrung mit einer der gegenwärtig vorhandenen schwersten Bohranlagen abgeteuft wird.

Fördertechnik

Mathematische Modellierung von Erdöl- und Erdgaslagerstätten

Einige neuere Ergebnisse in den Einschätzungsmethoden von Erdöl- und Erdgasvorräten

Es wurden Beispiele von Methoden angeführt, die numerische Lösungen der Strömungsgleichung im Speicher gemeinsam mit Optimierungsprozessen kombinieren, um die Effektivität der mathematischen Modellierung zu erhöhen. Es wurde gezeigt, daß die Anwendung der Methode der automatischen Abstimmung (Anpassung) der Lagerstättenabbaugeschichte zu einer Vielfalt von Modellparametern führt, mit denen reale Prognosen des zukünftigen Lagerstättenregimes berechnet werden können. So kann man z. B. befriedigende Prognosen auch dann aufstellen, wenn die Vielfalt der erhaltenen Speicherparameter nicht eindeutig ist. Auf diese Weise erhält man mit dieser Methode ein Instrument, das die Möglichkeit bietet, die Vorräte mit erhöhter Genauigkeit zu prognostizieren. Es ist klar, daß diese Schlußfolgerung auf der wichtigen Voraussetzung basiert, daß das numerische Modell eine Analogie der Lagerstätte ist.

Die beschriebene Methode zur Optimierung der Anordnung neuer Sonden weist auf die potentiellen Möglichkeiten der Modellierung, die gegenwärtig noch unvollkommen ist, hin. Der Nutzen der Optimierungsprozesse bei der Modellierung wird sich ohne Zweifel ständig erhöhen, erhöhen werden sich auch die Vorteile, wie zusätzliche Förderung von Kohlenwasserstoffen und bessere Ausnutzung der vorhandenen Vorräte.

Ein dreidimensionales Mehrphasen- und Mehrkomponentenmodell der Strömung im porösen Stoff

Es wurde ein Programm vorgelegt, das für die Modellierung von Lagerstätten genutzt werden kann. Dabei kann man die Lagerstätte in 10000 Felder aufteilen, mit Gitterpunkten in maximal 20 Schichten. Es können bis 500 Förder- bzw. Injektionsbohrungen modelliert werden. Das Programm kann außer der Berücksichtigung von Wasser den Austausch von 12 Komponenten (Kohlenwasserstoffe und/oder Stickstoff, Kohlendioxid, Schwefelwasserstoff) beachten. Die große Zahl der Parameter hat ein Programm erfordert, das die gleichzeitige Durchführung von Berechnungen und den Informationsaustausch zwischen Zentral- und Hilfsspeicher ermöglicht.

Neue Berechnungsmethoden und technische Mittel der Modellierung des Abbauprozesses von Erdöllagerstätten

Nach Überarbeitung der mathematischen Grundlagen wurde versuchsweise der Analog-Digital-Rechnerkomplex „Saturn" entwickelt. Damit können komplizierte Randwertaufgaben gelöst werden, beschrieben durch Differentialgleichungen in Differentialform zweiter Ordnung vom elliptischen und parabolischen Typ, u. a. mit funktionellen und nichtlinearen Abhängigkeiten der Koeffizienten. Der Lösungszyklus ist vollautomatisiert, die Auswahl des optimalen Algorithmus für jede konkrete Aufgabe ist möglich.

Ein mathematisches Modell der zyklischen Dampfinjektion

Mit Hilfe des vorliegenden Programms kann folgendes untersucht werden:

a) Einfluß der Dampfmenge im Zyklus auf die Zyklusdauer;

b) Einfluß der Veränderung der Dampfmenge beim Übergang von Zyklus zu Zyklus;

c) Einfluß der Begrenzung der Sondenproduktivität und Änderung der Depression;

d) Einfluß von Sondenstillstandszeiten.

Förderung von Kohlenwasserstoffen im späten Abbaustadium der Lagerstätten

Erdölgewinnung durch Heißwasser- und Dampfinjektion

Nachdem Heißdampfbehandlungen von Sonden auf einem Feld das Fallen der Förderraten nicht verhindern können, geht man zur Dampfinjektion über. Dabei sind ausführliche Untersuchungen notwendig. Für die Effektivität ist nicht nur das Verhältnis Öl zu Dampf maßgebend, sondern auch eine gründliche ökonomische Einschätzung. Besondere Beachtung verdient das Problem der Rückströmung von Öl in schon mit Dampf behandelte Speichergebiete.

In-situ-Verbrennung

Es werden Trockenverbrennung, Gegenstromverbrennung und feuchte Verbrennung gegenübergestellt und durchgeführte Behandlungen verschiedener Felder diskutiert. Die bisher geringen Einsätze des Verfahrens haben ihre Ursachen in der Realisierung ernsthafter Operationsprobleme, hoher Investitions- und Betriebskosten, in der Entdeckung der zyklischen Dampfinjektion u. a. Der Prozeß der In-situ-Verbrennung wird trotzdem weiter vervollkommnet, und es gibt Anzeichen für die verstärkte Anwendung in der Zukunft.

Wasserfluten

Wasserfluten ist ein effektives Förderverfahren für große Erdölvolumina, die im primären Abbaustadium im Speicher verbleiben. Im Vergleich zu anderen Sekundärverfahren sind die Investitionen gering. Die Verwässerungsdynamik und die Erdölabgabe lassen sich mit ausreichender Genauigkeit ermitteln, so daß prognostische Berechnungen für Flutprojekte möglich sind.

Anwendung nichtnewtonischer Flüssigkeiten bei der Erdölförderung

Früher fanden solche Flüssigkeiten nur im Bohrprozeß und bei Intensivierungen (Fracs) Anwendung. Jetzt geht man dazu über, nichtnewtonische Flüssigkeiten bei Sekundärverfahren einzusetzen. Als Ölverdrängungsmittel wurden Schäume, Polymerlösungen, Emulsionen und Mizellarlösungen ausgegliedert. Im Ölfeld fanden dabei schon Polymer- und Mizellarlösungen Anwendung.

Abbauverfahren auf sowjetischen Erdöllagerstätten mit Einsatz von Wasserfluten und Wege der Vervollkommnung

Es wurden die vielen Formen des Wasserflutens diskutiert und festgestellt, daß das Wasserfluten die wichtigste Methode der Sekundärverfahren ist und noch lange bleiben wird. Es sind noch nicht alle Möglichkeiten ausgeschöpft. Mit dem Ziel der Erhöhung des Abbautempos und der ökonomischen Effektivität gibt es Tendenzen zur Intensivierung des Einflusses auf den Speicher. Dabei gibt es zwei Wege:

a) Erhöhung der Druckdifferenz zwischen den Injektionspunkten bzw. -linien und der Sohle der Förderbohrungen;

b) Erhöhung des Verhältnisses Injektionssonden zu Fördersonden durch Verringerung der Anzahl der Fördersondenreihe und Übergang zum Flächenfluten.

Die Anwendung der Kernenergie beim Abbau von Erdöl- und Erdgaslagerstätten

Kernexplosion in einer gasführenden Schicht — Projekt „Rulison"

Die Erfahrungen und Ergebnisse bei der Vorbereitung, Durchführung und Auswertung der ersten Atomsprengungen in den USA zum Zweck der Klärung der potentiellen Möglichkeiten der Anwendung von Kernenergie bei der Erdöl- und Erdgasförderung lagen vor. Die Versuche wurden 1969 auf der Gaslagerstätte „Rulison" im USA-Staat Colorado durchgeführt; sie gliederten sich in folgende drei Etappen.

a) Einschätzung der geologischen, hydro- und gasdynamischen Verhältnisse vor Anwendung der Kernenergie,

b) technologische Vorbereitung und Durchführung der Atomsprengung,

c) Maßnahmen zur Wiederaufnahme der Förderung, Auswertung der Ergebnisse der Atomexplosion unter besonderer Beachtung der Radioaktivität des geförderten Mediums.

Die Erdgaslagerstätte „Rulison" verfügt über $35 \cdot 10^9$ m³ i. N., die infolge ungünstiger Speicherausbildung nicht effektiv abgebaut werden können.

Die Anwendung der Kernenergie zur Intensivierung des Abbaus von Erdöllagerstätten in der UdSSR

Die bisherigen Erfahrungen und Ergebnisse der Anwendung der Kernenergie zur Intensivierung des Abbaus in zwei Erdöllagerstätten der UdSSR wurden vorgetragen. Die Zielstellung der bisherigen Kernversuche bestanden in der

a) Untersuchung der Möglichkeiten zur gefahrlosen Anwendung von Kernsprengungen bei der Erdölförderung;
b) Erlangung technisch-wissenschaftlicher Informationen über den Einfluß von Kernexplosionen auf die physikalischen, energetischen und lagerstättenspezifischen Parameter der produktiven Erdölschichten.

Als Versuchsobjekte wurden zwei unterschiedliche Lagerstättentypen (Karbonatspeicher) vorgestellt.

Im Ergebnis der Sprengung stieg bei der ersten Lagerstätte die Förderung von ca. 20 Sonden für mehrere Jahre erheblich an, der Entölungsgrad und die Gesamtförderung nahmen um ca. 35% zu. Der Einfluß der Kernexplosion war hinsichtlich der Förderung bis zu einer Entfernung von 300–470 m vom Epizentrum bemerkbar, auf Klüften bis zu 800 m. Das geförderte Erdöl enthielt keine radioaktiven Abfallprodukte.

Bei der zweiten Lagerstätte stieg der Produktivitätsindex der benachbarten Fördersonden im Abstand von 150 bis 800 m auf das 1,3 bis 1,6fache gegenüber den vor der Kernexplosion erhaltenen Werten an.

Im Ergebnis beider Versuche wird eingeschätzt, daß die zukünftige Anwendung der Kernenergie in Karbonatlagerstätten (etwa 40% der sowjetischen Lagerstätten) große volkswirtschaftliche Bedeutung besitzt.

In seiner Abschlußrede hob der wiedergewählte Präsident des Internationalen Erdölkongresses, F. ROSSINI (USA), die große Bedeutung dieses VIII. Kongresses für die weitere Entwicklung der Erdölwissenschaften und Technik hervor, und der Applaus der 5500 Delegierten unterstrich seinen Dank an die Sowjetunion für die ausgezeichneten organisatorischen und wissenschaftlichen Maßnahmen, die dieser Tagung zu einem solchen Wert verhalfen.

Der IX. Welterdölkongreß wurde für 1974 nach Tokio einberufen.

Der Einfluß von Diskontinuitäten verschiedener Neigung auf die Festigkeitseigenschaften einiger bindiger Lockergesteine

R. KACZYŃSKI & L. WYSOKIŃSKI, Warschau

1. Problematik und Aufgabenstellung

Die physikalischen und mechanischen Eigenschaften lithofaziell-genetisch, petrographisch oder sedimentologisch verschiedener Gesteine und viele ihrer Gesetzmäßigkeiten sind in groben Zügen bekannt. Diese Kenntnisse wurden meist auf der Grundlage der Kontinuumsmechanik, d. h. unter der Annahme, daß der Boden als Kontinuum angesehen werden kann, gewonnen.

Ingenieurgeologische und bodenmechanische Erfahrungen zeigen aber immer wieder, daß ein Bodenmassiv viel eher ein Diskontinuum darstellt und durch verschiedene Schwächeflächen in einzelne, unterschiedlich große Bodenkörper zerteilt wird. Diese Diskontinuitäten sind das Ergebnis der gesamten geologischen Geschichte, insbesondere der Belastungsgeschichte, und sie bestimmen die reale Struktur sowie die Festigkeitseigenschaften des Lockergesteins.

In letzter Zeit stehen zunehmend Fragen der Ermittlung des abmindernden Einflusses von Schwächezonen und Diskontinuitätsflächen auf das Festigkeitsverhalten verschiedener Lockergesteine im Vordergrund. Im folgenden soll dieser Einfluß anhand dreier typischer bindiger Lockergesteinsarten der VR Polen gezeigt werden, wobei vor allem die beiden ersteren auch für die Verhältnisse in der DDR von besonderer Bedeutung sind:

Geschiebelehm Poznań-Ton	(bearbeitet von Dr.-Ing. L. WYSOKIŃSKI)
Krakowiec-Ton	(bearbeitet von Mag. R. KACZYŃSKI)

Eingang des Manuskripts in der Redaktion: 26. 4. 1971.

Fachliche und sprachliche Bearbeitung: Dr.-Ing. PETER BILZ, Leipzig.

Die Verf. sind wissenschaftliche Mitarbeiter des Instituts für Hydrogeologie und Ingenieurgeologie der Universität Warschau.

Die Untersuchungen und Darlegungen sollen dazu beitragen, Gesetzmäßigkeiten zu erfassen, die Ingenieurgeologen und Bauingenieure in die Lage versetzen, wissenschaftlich begründete Voraussagen treffen zu können.

2. Allgemeine Charakteristik der untersuchten Lockergesteine

2.1. Geschiebelehm

Untersucht wurden saaleeiszeitliche Geschiebelehme, die in der Umgebung von Warschau, z. B. bei Płock, oberflächig weit verbreitet anstehen. Makroskopisch ist

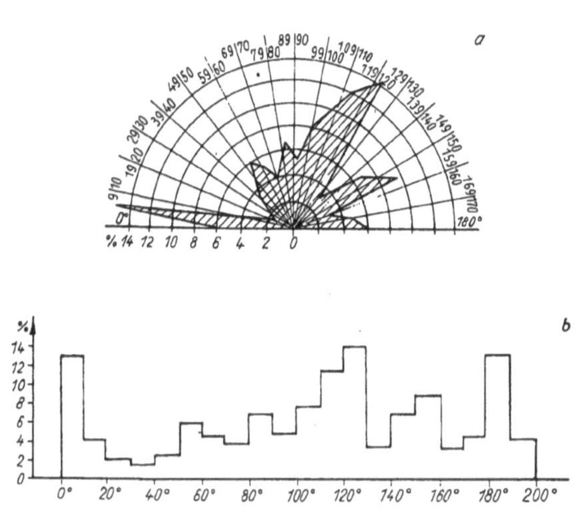

Abb. 1. Gefügebild der Diskontinuitäten des saaleeiszeitlichen Geschiebelehms aus der Gegend von Płock/Wisła

Tab. 1. Zusammenstellung der bodenphysikalischen Kennziffern der untersuchten Lockergesteine

Bodenkennziffer	Einheit	saaleeiszeitlicher Geschiebelehm (Płock)	Poznań-Ton (Dobrzyń, Płock)	Krakowiec-Ton (Tarnobrzeg)
Tonanteil (<0,002 mm)	%	10,5–12,5	43,2–50,1	45,0–58,0
γ_s	g/cm³	2,65–2,66	2,70–2,73	2,67–2,72
γ	g/cm³	2,11–2,14	2,01–2.03	2,01–2,12
n	%	29,5–30,1	36,0–38,0	35,8–39,1
w	%	8,9–10,1	30,5–32,5	21,0–26,0
w_l	%	21,3–23,0	72,3–78,5	58,5–70,0
w_p	%	10,9–11,5	30,3–31,5	28,6–37,8
w_s	%	10,3–10,5	22,2–24,5	14,1–18,0
I_l	–	< 0	≈0	<0
A	–	0,94–0,98	0,98–1,10	0,50–0,80

dieser Geschiebelehm ziemlich homogen, sowohl der Zusammensetzung als auch der Konsistenz und Dichte nach. Lokal begrenzte Unterschiede in der Farbe, dem Grad der glazigenen Deformation und den Gefügeeigenschaften treten in Aufschlüssen auf. Der Geschiebelehm zeigt nicht selten eine horizontale Bankung bzw. Absonderung und wird von einem weitmaschigen, vertikalen Kluftnetz durchsetzt, dessen Hauptrichtungen (Abb. 1) regional verfolgt werden können (WYSOKIŃSKI 1967). Dieses Kluftnetz ist im festen und trockenen Zustand des Geschiebelehms auch makroskopisch an steilen Aufschlußwänden sichtbar. Die Streubereiche der Kornzusammensetzung und ausgewählter physikalischer Kennziffern des untersuchten Geschiebelehms wurden in Tab. 1 zusammengestellt.

2.2. Poznań-Ton

Die petrographischen und sedimentologischen Eigenschaften dieser auch in den östlichen Gebieten der DDR vorkommenden pliozänen, buntgeflammten limnischen Tone können als bekannt vorausgesetzt werden (M. HANNEMANN & E. KURZWEIL 1968; R. KACZYŃSKI 1970; ST. RYBICKI 1970). Tab. 1 enthält auch hierfür die wichtigsten Kennwerte. Die untersuchten Proben stammen aus Dobrzyń und Płock (nördlich Warszawa). Die Poznań-Tone sind oft sehr stark glazigen deformiert. Es treten Auf- und Abschiebungen, Falten und Deckenüberschiebungen vom Mikrobereich bis zu lokal verfolgbaren Makroformen auf. In sehr stark glazigen beanspruchten Scherungszonen ist das Bodenmassiv oft in so hohem Maße zerklüftet, daß man von Zerreibungszonen oder von mylonitisierten Bereichen sprechen kann. Die Kluftkörper erreichen hier die Größenordnung von Kubikzentimetern.

Tab. 2. Koeffizienten der Festigkeitsminderung der untersuchten Lockergesteine für verschiedene Neigungswinkel der Diskontinuitäten

Lockergesteinsart	Krakowiec-Ton				Geschiebelehm	Poznań-Ton
α \ i	0°	30°	45° ... 60°	90°	45° ... 60°	45° ... 60°
α_τ	≈ 1	2,0 ··· 4,0	2,0 ··· 8,0 (4,0 ··· 5,0)	≈ 1	3,0 ... 3,5	2,0 ... 2,5
α_{R_C}	≈ 1	4,5	18,0 ··· 19,0	≈ 1	–	–
α_ε	≈ 1	3,5 ··· 6,0	6,0 ··· 12,0	≈ 1	1,2 ... 1,5	2,0 ... 6,0

2.3. Krakowiec-Ton

Die Krakowiec-Tone wurden bereits von Z. GLAZER & R. KACZYŃSKI beschrieben. Sie sind durch ein weitmaschiges, vertikales Zerrungskluftnetz und engstehende, glattflächige Scherungsklüfte in ein Diskontinuum aufgegliedert. Typische Kennwerte für Krakowiec-Tone aus dem Gebiet von Tarnobrzeg sind in Tab. 1 zusammengestellt (vgl. auch Z. GLAZER & R. KACZYŃSKI 1970; R. KACZYŃSKI, i. Vorbereit.).

3. Untersuchungsergebnisse und Schlußfolgerungen

3.1. Untersuchungsmethodik und Ergebnisse

Zur Ermittlung des Einflusses von Diskontinuitätsflächen auf die Festigkeitseigenschaften der genannten Lockergesteinsarten wurden Druckversuche mit unbehinderter Seitendehnung, d. h. einaxiale Druckversuche ($\sigma_3 = 0$), und dreiaxiale Druckversuche ($\sigma_3 \neq 0$) verwendet. Da, wie bekannt, die Scherfestigkeit der Böden von der senkrechten Belastung in der Scherfläche abhängt, wurde gleichzeitig die Abhängigkeit von der Normalspannung ermittelt. Zusammen mit der Zugfestigkeit (Zerreißversuch) erhält man im Scherdiagramm $\tau = f(\sigma, \sigma')$ die Umhüllende der MOHRschen Kreise, d. h. die Scherfestigkeitslinie des untersuchten Lockergesteins. Es wurde eine einheitliche Versuchsmethodik angewendet. Wegen der bekannten Schwierigkeiten bei der Entnahme ungestörter Proben mit natürlichen Diskontinuitätsflächen wurden diese zum Teil im Laboratorium künstlich modelliert. Für die Geschiebelehme und Poznań-Tone wurden diese Diskontinuitätsflächen unter Winkeln von 45° und 60° zur Sedimentationsfläche angelegt; für die Krakowiec-Tone unter 0°, 30°, 45°, 60° und 90° zur horizontalen Bänderung.

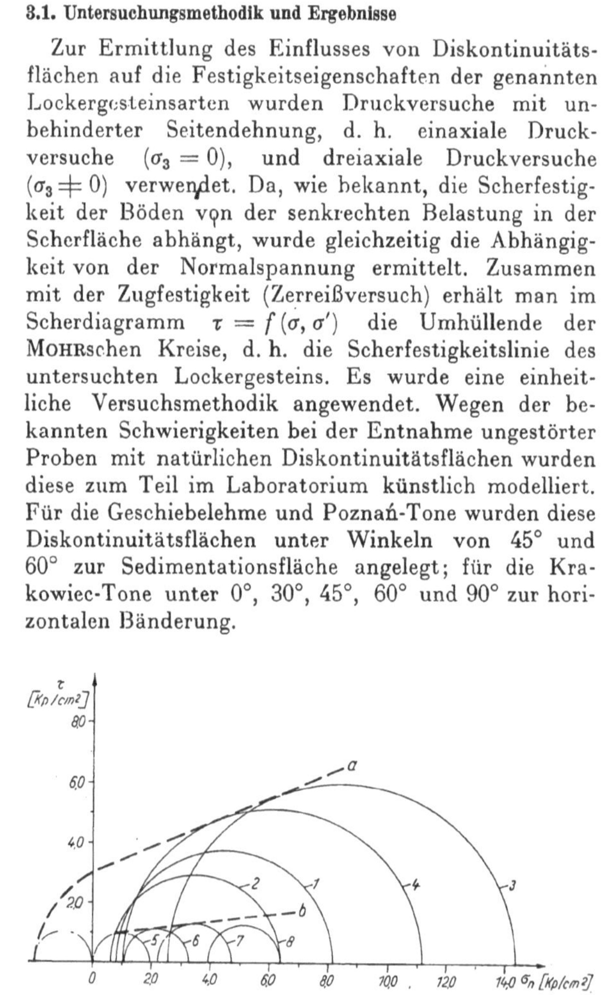

Abb. 2. Scherfestigkeit des untersuchten Geschiebelehms

Nr.	$\sigma_1 - \sigma_3$ [kp/cm²]	ε %	Nr.	$\sigma_1 - \sigma_3$ [kp/cm²]	ε %
1	7,4	$4{,}5 \cdot 10^{-1}$	5	1,9	$3{,}7 \cdot 10^{-1}$
2	6,0	$4{,}9 \cdot 10^{-1}$	6	2,3	$3{,}9 \cdot 10^{-1}$
3	12,2	$5{,}2 \cdot 10^{-1}$	7	2,6	$3{,}2 \cdot 10^{-1}$
4	10,5	$5{,}2 \cdot 20^{-1}$	8	2,4	$3{,}6 \cdot 10^{-1}$

$\sigma_r = 1{,}99$ kp/cm²

Zu: Abb. 3, KACZYŃSKI & WYSOKIŃSKI

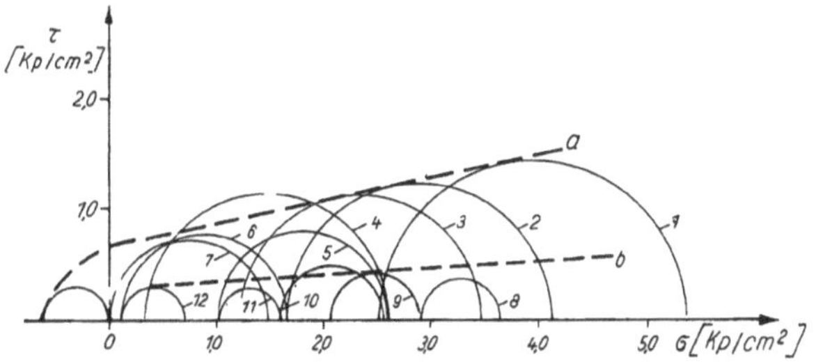

Abb. 3. Scherfestigkeit des untersuchten Poznań-Tones

Nr.	$\sigma_1 - \sigma_3$ [kp/cm²]	ε [%]	Nr.	$\sigma_1 - \sigma_3$ [kp/cm²]	ε [%]
1	3,20	4,8 10^{-1}	7	1,64	3,6 10^{-1}
2	2,46	3,8 · 10^{-1}	8	0,73	2,3 10^{-1}
3	2,10	5,1 10^{-1}	9	0,77	2,5 10^{-1}
4	2,20	4,4 10^{-1}	10	1,00	2,7 10^{-1}
5	1,50	3,4 10^{-1}	11	0,64	2,2 10^{-1}
6	1,54	3,8 10^{-1}	12	0,64	2,5 10^{-1}

Zu Abb. 4, KACZYŃSKI & WYSOKIŃSKI

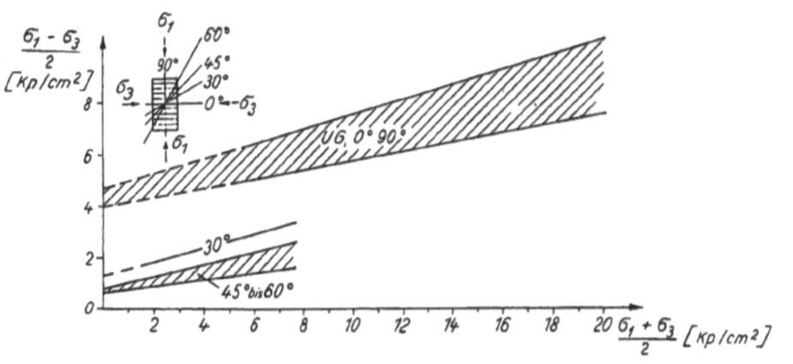

Abb. 4 Scherfestigkeit des Krakowiec-Tones bei verschiedenen Neigungswinkeln der Diskontinuitäten

Neigung α [°]	Bezogene lineare Deformation ε [%]
UG, 0°, 90°	3,5 – 7,0
30°	0,6 – 2,0
45°, 60°	0,3 – 1,2

Zu. Abb. 5, KACZYŃSKI & WYSOKIŃSKI

Die Proben wurden im Oedometer unter der geologischen Belastung $\sigma_1 = \gamma_0 \cdot z$ (z = Tiefe der Probeentnahme) vorkonsolidiert. Nach Einbau der Proben in die Druckzelle des Triaxialgerätes erfolgte die isotrope Konsolidierung ($\sigma_1 = \sigma_3$ = const.), anschließend wurde durch Absenkung des Seitendruckes σ_3 die Probe abgeschert. Die Absenkungsgeschwindigkeiten betrugen bei Geschiebelehm und Poznań-Ton 1,67 · 10^{-3} kp · cm^{-2} min^{-1}, bei Krakowiec-Ton 1 · 10^{-1} kp · cm^{-2} min^{-1}.

Die Scherfestigkeiten der untersuchten Lockergesteine bei verschiedenen Neigungen der Diskontinuitätsflächen zeigen die Abb. 2 bis 4. Die einaxiale Druckfestigkeit von Krakowiec-Ton in Abhängigkeit von der Neigung der Diskontinuitätsflächen ist in Abb. 5 dargestellt.

3.2. Schlußfolgerungen

Die Untersuchungsergebnisse zeigen, daß der Einfluß der Diskontinuitätsflächen auf die Festigkeitseigenschaften der Böden von deren Neigung zur Hauptspannungsrichtung σ_3 bzw. σ_1 abhängt. Für alle untersuchten Lockergesteine ergab sich, daß nur die Diskontinuitäten, deren Neigung zu einer der Hauptspannungsrichtungen zwischen 30° und 60° beträgt, einen merkbaren, statistisch gesicherten abmindernden Einfluß auf die Scher- bzw. einaxiale Druckfestigkeit besitzen. Das geht besonders deutlich aus den Abb. 4 und 5 für Krakowiec-Tone hervor. Für Neigungen 0° und 90° erfolgt der Bruch unabhängig, d. h. wie bei ungestörten Proben ohne Diskontinuitäten; die Neigung der Bruchfläche hängt nur von der Scherfestigkeit des Lockergesteins selbst ab.

Der abmindernde Einfluß der Diskontinuitäten auf die Festigkeit kann durch einen Abminderungskoeffizienten ausgedrückt werden. Werden mit τ_{max} bzw. $R_{c_{max}}$ die Scher- bzw. einaxiale Druckfestigkeit der gesunden, ungestörten und mit τ_{gi} bzw. $R_{c_{gi}}$ die der durch Diskontinuitäten mit Neigungswinkeln i gestörten Probe bezeichnet, kann der Abminderungskoeffizient wie folgt definiert werden:

$$\alpha_\tau = \frac{\tau_{max}}{\tau_{gi}} \quad \text{bzw.} \quad \alpha_{R_c} = \frac{R_{c_{max}}}{R_{c_{gi}}}$$

Die Größen der Koeffizienten für die drei untersuchten Lockergesteinsarten sind in Tab. 2 in Ab-

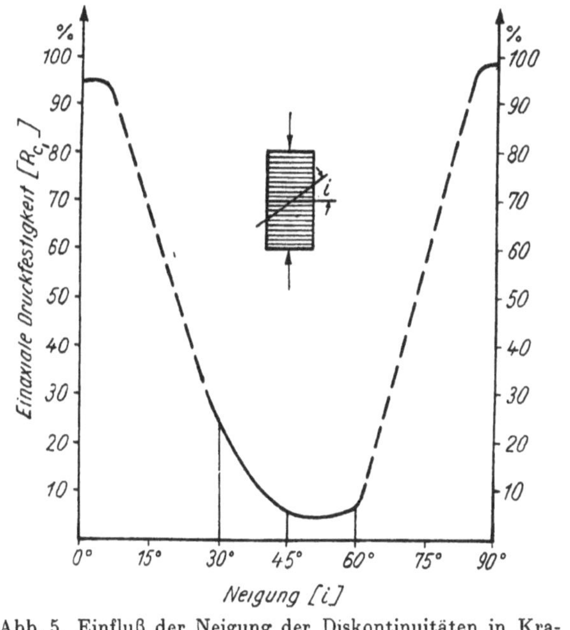

Abb. 5. Einfluß der Neigung der Diskontinuitäten in Krakowiec-Tonen auf deren einaxiale Druckfestigkeit

Neigung i [°]	Einaxiale Druckfestigkeit R_{c_i} [kp/cm²]	Bezogene lineare Deformation ε_i [%]	$\frac{R_{c_i}}{\varepsilon_i}$	$\frac{R_{c_i}}{R_{c_{45°}}}$	$\frac{\varepsilon_i}{\varepsilon_{45°}}$
0°	11,0	3,9	2,8	~18	~13
30°	2,5	0,7	3,6	~ 4	~ 2
45°	0,6	0,3	2,0	1	2
60°	0,65	0,4	1,8	1	~ 1
90°	11,4	2,5	4,6	~19	~ 8
UG	11,5	3,6	3,2	~19	~12

Zu Abb. 6, KACZYŃSKI & WYSOKIŃSKI

hängigkeit von der Neigung der Diskontinuitätsfläche zur σ_3-Achse zusammengefaßt.

Der Festigkeitsminderungskoeffizient könnte auch als das Verhältnis der bezogenen linearen Deformationen ε definiert werden, also

$$\alpha_\varepsilon = \frac{\varepsilon_{max}}{\varepsilon_i}$$

Diese Zahlenwerte sind gleichfalls in Tab. 2 enthalten. Es zeigt sich eine Abhängigkeit der genannten Abminderungskoeffizienten von der Beschaffenheit (Rauhigkeit) der Diskontinuitätsflächen und von der Zustandszahl des Bodens. Bei hohem Wassergehalt in den Diskontinuitäten fällt die Scherfestigkeit spontan bis zum Wert $\Phi' = 0$ ab.

3.3. Bedeutung für die Ingenieurgeologie und Bodenmechanik sowie Ausblick

Wegen der verhältnismäßig geringen Anzahl der untersuchten Proben müssen die Zahlenwerte für die Abminderungskoeffizienten noch mit gewisser Zurückhaltung behandelt werden. Gesichert sind dagegen die festgestellten Abhängigkeiten der Festigkeitseigenschaften der Böden von der Neigung und der physikalischen Beschaffenheit der Diskontinuitätsflächen (A. MARSLAND & M. F. BUTLER 1967; A. W. SKEMPTON & D. J. PETLEY 1967). Diese Erkenntnisse führen speziell für das Bauwesen und den Bergbau (Tagebau) zu praktischen Schlußfolgerungen: Es ist allgemein bekannt, daß vorbelastete Lokkergesteine eine größere Festigkeit besitzen als nichtvorbelastete. Man schließt daraus des öfteren, daß stratigraphisch ältere Geschiebelehme (z. B. saaleeiszeitliche) eine größere Druck- bzw. Scherfestigkeit besitzen als jüngere (z. B. weichseleiszeitliche) (M. HANNEMANN & E. KURZWEIL 1968). Das trifft aber nur für den Mikrobereich, etwa für die Dimensionen von Laborproben, nicht aber für den Makrobereich zu. Im Bodenmassiv (Makrobereich) machen sich in vorbelasteten Lockergesteinen Diskontinuitäten bemerkbar, die einen beträchtlichen abmindernden Einfluß auf die Festigkeitseigenschaften ausüben (F. ESU 1966, Z. GLAZER & R. KACZYŃSKI 1970; R. KACZYŃSKI, i. Vorbereit.; A. MARSLAND & M. F. BUTLER 1967; A. W. SKEMPTON & D. J. PETLEY 1967). Dieser Einfluß muß besonders bei Böschungsstabilitätsproblemen berücksichtigt werden (F. ESU 1966; Z. GLAZER & R. KACZYŃSKI 1970; R. KACZYŃSKI, in Vorbereit.; L. WYSOKIŃSKI 1967). Durch Verringerung der Steifezahl führen Diskontinuitäten zu größeren Setzungsbeträgen. Aus den durchgeführten Untersuchungen können jedoch hierzu noch keine näheren Aussagen getroffen werden, da die angewandte Untersuchungsmethodik (Abscherung durch Verringerung des Seitendruckes) nur direkte Schlußfolgerungen zur Böschungsstabilität erlaubt. Die Untersuchungsergebnisse und Schlußfolgerungen rechtfertigen und erfordern die Ausführung weiterer Untersuchungen unter verschiedenen Spannungszuständen.

Literatur

ESU, F.: Short-term stability of slopes in unweathered jointed clays. – Geotechnique, Vol. 16 (1966).

GLAZER, Z., & R. KACZYŃSKI: The tensile stresses and their influence on the deformations of slopes in Krakowiec clays. – Proc. IInd Seminar on Soil Mech. Found. Eng., Łódź 1970.

– Der Einfluß von Zugspannungen auf die Verformung künstlicher Böschungen in Krakowiec-Tonen. – Bauplanung–Bautechnik, 25, 12 (1971).

HANNEMANN, M., & E. KURZWEIL: Abhängigkeiten physikalischer Eigenschaften vom Alter des Geschiebemergels in Jungmoränengebieten Brandenburgs. – Z. angew. Geol., 14, H. 1, Berlin 1968.

HAURYŁKIEWICZ, J.: The shear of the soil in the weakening plane. – Archivum Hydrotechniki, T. XV, Z. 2 (1968).

KACZYŃSKI, R.: Ingenieurgeologische Auswertung des Einflusses natürlicher Schwächeflächen auf die Böschungsstabilität der Krakowiec-Tone aus dem Raum von Tarnobrzeg. – Diss., Warszawa (in Vorbereitung).

KACZYŃSKI, R., & L. WYSOKIŃSKI: The influence of the weakness surfaces at the strength of the cohesive soils. – Proc. IInd Seminar on Soil Mech. Found. Eng., Łódź 1970.

MARSLAND, A., & M. F. BUTLER: Strength measurements on stiff fissured Barton clay from Fawley, Hampshire. – Proc. Geotechn. Conf. Oslo, Vol. 1 (1967).

RYBICKI, ST.: The effect of cracks on geological-engineering properties of the Poznań clays in the Adamów mine. – Prace Geol. PAN, 63 (1970).

SKEMPTON, A. W., & D. J. PETLEY: The strength along structural discontinuities in stiff clays. – Proc. Geotechn. Conf. Oslo, Vol. 1 (1967).

WYSOKIŃSKI, L.: Influence of fractures in boulder-clays upon stability of the Vistula river scarp at Płock in the light of an analysis of superficial mass movements. – Bull. Geol. Univ., T. 9, Warszawa 1967.

JIŘI CHRT & FRANTIŠEK WOLLER

Die hydrogeochemische Prospektion – eine neue Suchmethode nach Fluorit im Böhmischen Massiv

Referiert von KARL-HEINZ BERNSTEIN, Freiberg (Sa.)

Das rationelle Aufsuchen oberflächennaher Fluoritkonzentrationen stellt auch heute noch eine wichtige Teilaufgabe der geologischen Erkundung auf Fluoritlagerstätten dar. Ausgehend von den bisher üblichen geologischen Methoden haben die tschechischen Geologen CHRT & WOLLER in enger Zusammenarbeit mit Chemikern (WEISS u. a.) Wege gesucht und gefunden, die bisher auch bei uns nur versuchsweise angewandte hydrogeochemische Prospektion auf Fluor zu einem brauchbaren Verfahren auszubauen, das die Effektivität der Suche auf Fluoritlagerstätten wesentlich erhöhen kann. Die von den Autoren untersuchten Gebiete entsprechen hinsichtlich der geologischen, geographischen und klimatischen Verhältnisse weitgehend einigen metallogenetischen Einheiten im S der DDR; deshalb dürften die Ergebnisse dieser Arbeiten auch für uns von erheblichem Interesse sein.

Auch für Fluor gilt die allgemeine Feststellung von GINSBURG (1963, S. 226), daß die hydrogeochemische Methode bei Sucharbeiten in allen Fällen angewandt werden kann. Dabei ist ihre Bedeutung besonders in denjenigen Gebieten groß, die eine mächtige Bedeckung aufweisen, stark gegliedert und bewaldet sind. Dem Hinweis von GINSBURG, die hydrogeochemische Methode nicht von der Geologie zu lösen, haben die Autoren offen-

Aus „Geologický průzkum", 12 (1970), H. 8.
Übers.: W. GRÖSSL, Berlin.

sichtlich große Beachtung geschenkt. Bei ihnen stellt die geochemische Prospektion einen festen Bestandteil des Suchprozesses dar. Ausgehend von der komplexen metallogenetischen Erforschung des ČSSR-Anteils am Böhmischen Massiv werden die Sucharbeiten auf die flußspathöffige Peripherie des Kerns dieses Massivs konzentriert: Český Les (Böhmer Wald), Smrčin (Fichtelgebirge), Krušné hory (Erzgebirge), Železné hory (Eisengebirge), Lužice- (Lausitzer) Störung, Krkonoše (Riesengebirge) und Jeseník (Isergebirge).

Diese Bereiche werden etappenweise mit Hilfe der Regionalkartierung bearbeitet. Dabei findet als Hauptmethode die Mehrzweck-Schlichtuntersuchung auf Schwerminerale Anwendung. Mit Hilfe des Schwerminerals Baryt, des häufigen Begleiters von Fluorit im Böhmischen Massiv, werden geeignete Untersuchungsgebiete für weitere Arbeiten abgegrenzt. Folgende Arbeiten kommen dafür in Frage: pedogeochemische Prospektion, Kartierung von Ganglesesteinen mit Quarz, Baryt und Fluorit sowie neuerdings die hydrogeochemische Prospektion. Bereiche mit erhöhten Fluorgehalten in den Wässern werden durch Detaillierung (Verdichtung) der genannten Arbeiten überprüft.

Erste Anwendungsversuche der hydrogeochemischen Methode in der ČSSR wurden von JURAK und VALES 1966 bis 1967 in den Železné hory unternommen. Die durch Schürfe geprüften Ergebnisse waren zwar verheißungsvoll, jedoch war die Methode ökonomisch und zeitlich weniger effektiv. Eine erste Verbesserung war der Verzicht auf die Bestimmung der Begleitkomponenten des Fluors im Wasser, wie Zn^{++}, Cu^{++}, SO_4^{--}, Cl^-, Eindampfrückstand sowie Ba^{++} und Sr^{++}, die sich alle als wenig gültige Kriterien erwiesen. Die Autoren entschieden sich schließlich für die alleinige Bestimmung von F^- und des pH-Wertes sowie in bestimmten Fällen (Fluoritkonzentrationen vom Typ Harrachov) auch von Pb^{++}.

Der entscheidende Schritt zur rationellen Anwendung der hydrogeochemischen Prospektion auf Fluor wurde jedoch erst mit dem Einsatz der tschechoslowakischen Fluorid-Membran-Elektrode CRYTUR aus dem Forschungsinstitut Monokrystaly in Turnov getan. Damit kann mit geringer Probenmenge (250 cm^3 Wasser) und wesentlich geringerem Arbeitsaufwand gegenüber den klassischen Verfahren in vielen Proben schnell, relativ billig und genau genug der Fluorgehalt bestimmt werden. Für die Sicherheit der Interpretation ist die ausreichend große Probenzahl von besonderer Bedeutung.

Die aus einem Lanthanfluoridmonokristall bestehende Elektrode reagiert nur gegenüber Fluorionen, so daß die Anwendung potentiometrischer Verfahren, auf die hier nicht eingegangen werden kann, möglich wird. Bei der Erprobung der Fluoridelektrode (Fluorsonde) erwies sich, daß die in der ČSSR zur Verfügung stehenden tragbaren Batterieapparaturen nicht die nötige Meßgenauigkeit erbrachten, so daß die Messungen fast ausschließlich im Labor erfolgen mußten. Neben der Stabilisierung der Elektrode ist die Zugabe von Pufferlösungen ein wichtiger Arbeitsvorgang, um einerseits das störende Eisen und Aluminium, das evtl. in der Wasserprobe vorhanden ist, abzuschirmen und andererseits den notwendigen konstanten pH-Wert zwischen 5,5 und 6,5 einzustellen. Je nach Mineralisationsgrad und Fluorgehalt wird entweder der Azetat- oder der Zitratpuffer angewandt. Schließlich ist noch auf die Wichtigkeit der Temperaturkonstanz bei der Messung hinzuweisen. Der maximale relative Fehler beträgt $\pm 15\%$ und steigt unter Geländebedingungen auf das Doppelte an.

Für die Interpretation der Fluorgehalte in den Oberflächenwässern ist auf Grund der 675 ausgewerteten Proben folgendes festzustellen. Die Fluorgehalte in den Wässern zeigen enge Beziehungen zu den unterlagernden Gesteinskomplexen. Dabei liegen in Verbindung mit Phyllit und Glimmerschiefer die Gehalte meist unter 0,2 mg F/l und mit Gneis und Granit meist unter 0,3 mg F/l. Dies wird auf den unterschiedlichen Fluorgehalt der Gesteine zurückgeführt. In der Nähe von Fluoritgängen stiegen, auch bei geringerer Mächtigkeit, die Gehalte auf 0,5 bis 0,6 mg F/l an.

Die bisherigen Untersuchungen erfaßten Gebiete in verschiedenen Teilen Böhmens (Hojsovy Stráže—Šumava; Aš; Moldava—Krušné hory; Králický Snĕžník—Sudety); deshalb sind die Hinweise der Autoren für weitere Arbeiten besonders wertvoll. Wässer aus tieferen Horizonten (Bohrungen, Mineralquellen und z. T. auch Brunnen) sollten genau wie Bergbauwässer ausgeschieden bzw. besonders sorgfältig interpretiert werden. Unzweckmäßig ist die Probenahme aus Flußläufen, da dort das Wasser meist Gehalte über 0,2 mg F/l aufweist und oft durch Industrieabwässer verunreinigt ist. Bei Probenahme und Auswertung sollten die Bereiche mit Sn-W-Li-Mineralisationen und vergreiste Granitkontakte sowie auch Bereiche mit Phosphorit- oder Eisenerzhorizonten besonders beachtet werden. Für die hydrogeochemische Prospektion besonders geeignet sind dagegen die Abschnitte von Gebirgs- und Vorgebirgsbächen und deren Zuflüssen, die keine Ortschaften durchfließen und aus dem Gehängeschutt gespeist werden.

DMITRIJEW, L. W., W. L. BARSUKOW & G. B. UDINZJEW

Die Riftzonen des Ozeans und das Problem der Erzbildung

(Referat von WOLFGANG BEYER, Schneeberg)

Die Untersuchungen der letzten Jahre haben gezeigt, daß ein komplexes geologisch-geophysikalisches Studium der Riftzonen mittelozeanischer Schwellen sehr interessante Perspektiven für die Erkenntnis der planetaren Geologie der Erde, ihrer Tektonik, Petrologie und Geochemie eröffnen kann. Bereits die ersten Ergebnisse derartiger Untersuchungen weisen auf die folgenden wichtigen Besonderheiten hin, die von den Autoren kurz zusammengefaßt werden:

1. Die Tektonik der Riftzonen hat eine eigene Spezifik. Selbst in rezenter Zeit ist sie durch eine hohe Energetik der tektonischen Prozesse gekennzeichnet. Ein detailliertes Studium der seismischen Aktivität der Riftzonen im Indischen Ozean durch das Forschungsschiff „Akademik

Aus: „Geochimija", Nr. 8, S. 935—944 (1970).

Kurtschatow" ergab, daß hier innerhalb von 24 Stunden etwa 100 Erdbeben mit einer Energie von 10^3 bis 10^6 J(oule) vor sich gehen. Auch im Vulkangürtel des Stillen Ozeans ist eine derartige seismische Aktivität zu beobachten.

Die Erdkruste bildet in den Riftzonen eine mosaikartige Blockstruktur, in der Fragmente der Basaltkruste neben Peridotiten des oberen Mantels zu liegen kommen, was besonders durch lineare magnetische Anomalien bis zu 300 bis 650 γ zum Ausdruck kommt. Die seismische Tiefensondierung konnte nachweisen, daß im Gebiet der Riftzonen die MOHOROVIČIĆ-Diskontinuität merklich angehoben ist (2—5 km Tiefe). Auf eine Blockstruktur der Riftzonen weisen auch der Charakter und die Verbreitung der Gravitationsanomalien sowie der Wärmestrom hin, der zwischen 0,8—3,5 mcal/cm² · sek schwankt.

Eine stark untergeordnete Rolle von Sedimentgesteinen unterscheidet die Riftzonen wesentlich von den Geosynklinalsystemen. Die Riftzonen sind aus Formationen magmatischer und metamorpher Gesteine aufgebaut. Gleichzeitig sind die Maßstäbe der tektonischen Prozesse und der Umformung der Erdkruste mit den in den rezenten Geosynklinalsystemen zu beobachtenden Prozessen vergleichbar, weshalb in der sowjetischen Literatur für diese tektonischen Systeme der Begriff „Georiftogenalen" geprägt wurde.

2. Die Georiftogenalen sind durch zwei Gesteinskomplexe charakterisiert, und zwar durch ultrabasische Gesteine des Erdmantels verschiedenen Alters und durch die Produkte ihrer Serpentinisierung sowie Vergrünung und von toleiitischen Basalten mit untergeordnet subalkalischen sowie von tonerdereichen Basalten (Jura — Kreide?, rezent?). Die ultrabasischen Gesteine ähneln den alpinotypen Hyperbasiten und sind vorwiegend Harzburgite (etwa 60%) und Lherzolithe (etwa 40%).

3. In petrochemischer Hinsicht sind die georiftogenalen Peridotite gegenüber den alpinotypen Hyperbasiten der Kontinente durch erhöhte Gehalte an Kieselsäure gekennzeichnet. Die Ursachen dieser Tatsache sind noch umstritten. Die Autoren erwähnen eine Differentiation der tonerdereichen Basalte oder eine Zufuhr von Kieselsäure im Zusammenhang mit der Entgasung des Mantels als Möglichkeiten für die ungewohnte Anreicherung der Hyperbasite mit Kieselsäure.

4. Die georiftogenalen Peridotite sind gegenüber den alpinotypen Peridotiten mit lithophilen und weniger chalkophilen Elementen angereichert. Die Gehalte einiger dieser Elemente (insbesondere der radioaktiven) sind gegenüber den alpinotypen Hyperbasiten um mehr als das Zweifache angereichert (Tab. 1). Andererseits bleiben die Elementgehalte in den Basalten des Ozeanbodens in normalen Grenzen.

Die Besonderheiten der Elementgehalte in den untersuchten Peridotiten des oberen Mantels werden nach den Autoren durch zwei Hauptprozesse bestimmt, und zwar:

a) durch eine Migration der Elemente im präplanetaren Stadium der Differentiation des Mantels — primäre Elementverteilung im oberen Mantel — und

b) durch eine Umverteilung dieser Elemente im Verlauf ihres gasförmigen und hydrothermalen Transports, der unmittelbar mit der Entgasung des Mantels zusammenhängt — sekundärer, überprägender Prozeß.

Auf Grund dieser Vorstellungen wird angenommen, daß bei diesen Prozessen das für die Serpentinisierung und Vergrünung der Hyperbasite notwendige Wasser kein Ozeanwasser ist, sondern seine Herkunft im Erdmantel zu suchen ist. Dafür sprechen neuere sowjetische und englische Angaben, nach denen die Elementverschiebungen der submarinen Verwitterung der Basalte oder die anomal hohen Elementanreicherungen in den Hyperbasiten ihre Ursachen in einer Zufuhr von Substanz aus dem Erdmantel haben und nicht durch das Ozeanwasser hervorgerufen werden. Die Cu-Gehalte in den Hyperbasiten übersteigen seine Gehalte im Ozeanwasser um das Vierfache. Bei einer Serpentinisierung durch Ozeanwässer müßte eine Wegfuhr von Kupfer auftreten, was nicht der Fall ist. Die Verteilung des organischen Stoffes in den Serpentiniten zeigt, daß nur eine oberflächennahe Serpentinkruste (Antigorit, Endstadium der Serpentinisierung) aus dem Meerwasser aufgenommene organische Stoffe enthält, während der innere Teil der Gesteine völlig frei davon ist (Anfangsstadium der Serpentinisierung)

Tatsachen über den Transport einiger chalkophiler Elemente durch hydrothermale Prozesse erhielt man im Jahre 1967 am Berg Carlsberg (Indischer Ozean) durch das Forschungsschiff „Akademik Kurtschatow". Hier konnten stark vergrünte Basalte und Dolerite ausgebaggert werden, die verschiedentlich Quarztrümer mit Sulfiden enthielten. In den Proben wurden Kupfergehalte bis zu 5%, Zinkgehalte bis zu 400 g/t und erhöhte Gehalte an Silber und Quecksilber festgestellt. Im gleichen Gebiet wurden serpentinisierte Peridotite ausgebaggert, die Kassiterit, Pyrit, Chalkopyrit sowie Apatit und außerdem erhöhte Gehalte an Cu, Zn, Ag und Hg führten.

Durch die sechste Expedition des Forschungsschiffes „Akademik Kurtschatow" im Herbst 1969 konnten beim Studium der Mittelatlantischen Schwelle im Gebiet der Azoren Kennzeichen einer unmittelbaren Fumarolentätigkeit des Erdmantels festgestellt werden. Dabei wurden zahlreiche Gesteinsbruchstücke ausgebaggert, die auf eine aktive vulkanische und hydrothermale Tätigkeit schließen lassen. In kataklasierten und serpentinisierten Harzburgiten und Lherzolithen wurden intensive metasomatische Veränderungen angetroffen und erhöhte Gehalte an Pb, Zn, Cu, Ag, Hg, aber auch an Cr, V, Co, Ni und Sn festgestellt. Besonders hohe Konzentrationen dieser Elemente wurden in Kalzittrümmern, die Klüfte ausfüllten, beobachtet (Tab. 2). In der Schwerefraktion des Rückstands der Bodensedimente war in merklichen Mengen Apatit vorhanden, und außerdem wurden Baryt, Fluorit, Vesuvian, Turmalin und Topas gefunden. Die Peridotite werden von tonigen Sedimenten überdeckt, die in einzelnen Horizonten gleichfalls erhöhte Gehalte an Spurenelementen auswiesen und somit auf eine periodische Zufuhr von Erzelementen hindeuteten.

Es ist interessant, daß gemeinsam mit der Zufuhr typisch „hydrothermaler" Elemente (Ag, Pb, Hg, Sn) auch eine Zufuhr von siderophilen Elementen (Ni, Co, Cr, V) festzustellen ist. Diese Tatsache deuten die Autoren als Beweis dafür, daß die Herkunft der Erzsubstanz im peridotitischen „Block" zu suchen ist und diese Elemente durch den hydrothermalen Prozeß aus dem Erdmantel weggeführt wurden. Beim Transport der Erzelemente, der Kieselsäure und auch der Alkalien spielte die Entgasung des Erdmantels eine bedeutende Rolle.

Das Auffinden von Merkmalen einer vulkanischen und Fumarolentätigkeit außerhalb der sialischen Erdkruste, die von einer Zufuhr von Erzelementen u. a. begleitet wird, bringt neue Gesichtspunkte beim Studium der ozeanischen Riftzonen und der Rolle der Mantelgesteine als Erzquelle. Diese Tatsache erhält auch deshalb eine große Bedeutung, weil in den letzten Jahren auf den Kontinenten viele Angaben über die Abhängigkeit des Magmatismus und seiner

Tab. 1. Gehalte einiger lithophiler Elemente in Hyperbasiten der mittelozeanischen Schwelle des Indischen Ozeans, in Gew.-%

Gestein	U, $n \cdot 10^{-7}$	Th, $n \cdot 10^{-7}$	Zr, $n \cdot 10^{-3}$	Li, $n \cdot 10^{-5}$	Be, $n \cdot 10^{-5}$	K, %
Hyberbasite im Indischen Ozean	800 (20)	1500 (20)	10 (80)	20 (20)	8 (30)	0,07 (30)
Hyperbasite nach A. P. WINOGRADOW (1962)	3	5	3	5	2	0,03
Chondrite nach A. P. WINOGRADOW (1962)	50	40	3	30	35	0,08

Bem.: In Klammern — Analysenzahl

Tab. 2. Gehalte einiger seltener Elemente in den anstehenden Gesteinen und den Mineralen der Station Nr. 432, g/t (6. Expedition von „Akademik Kurtschatow“)

Probe		Hg	Zn	Cu	Sn	Pb
Serpentinisierter Harzburgit						
dito	D 3/1	0,260	1800	121	6	10
dito	D 3/3	0,110	1600	56	20	Sp.
dito	D 3/6	0,108	1000	57	Sp.	Sp.
dito	D 3/11	0,200	600	120	Sp.	Sp.
Kalzittrümmer	D 3/10	0,120	Sp.	100	Sp.	Sp.
dito	D 3/9	0,092	Sp.	70	2	Sp.
Kalzit mit Zinnober (?)	D 3/14	1,800	2000	n. best.	n. best.	n. best.
Kalzit aus Schlich	D 3/13b	0,400	200	n. best.	n. best.	n. best.
Schlich, Schwerefraktion	D 3/13	0,800	12000	100	100	200
Schlich, leichte Fraktion	D 3/12	1,000	19000	500	300	500
Schlich, unsortiert	D 5/A	0,372	Sp.	300	300	700

Bem.: Die Bestimmung von Hg und Zn erfolgte mit der Atomabsorptionsmethode, die Bestimmung von Cu, Sn, Pb durch halbquantitative Spektralanalyse.

endogenen Mineralisaton von der Lagerungstiefe der Gesteine des Erdmantels und den Besonderheiten der Blocktektonik einzelner Regionen während ihrer tektonischen Aktivierung erhalten wurden. Vor allem zeichnete sich die wichtige Rolle der E—W streichenden Tiefenbruchzonen und „durchgehenden“ Pressungszonen in vielen Gebieten ab. Diese Strukturelemente werden meist von einer endogenen Mineralisation kontrolliert, wie die Autoren an einigen Beispielen des Fernen Ostens der Sowjetunion zeigen konnten und die sie zu folgender Schlußfolgerung führt: „Der Einfluß der verschiedenen Strukturtypen der Erdkruste auf die Besonderheiten der Metallogenie der einzelnen Regionen hängt anscheinend nicht nur mit den Besonderheiten der Bildung einzelner strukturell-fazieller Zonen eng zusammen, sondern auch mit der Mächtigkeit der Erdkruste und der Tiefe der Anlage erztransportierender Bruchzonen“ (S. 943).

Die Untersuchung des Materials aus dem Erdmantel wird nicht nur für die Erkenntnis der allgemeinen Bildungsgesetzmäßigkeiten der Erde eine erstrangige Bedeutung erhalten, sondern auch für das Kardinalproblem der Erzbildung — der Quelle der Erzsubstanz.

Ermittlung von Winkel- und Gefällewerten aus Kolonnenprofilen

GEORG MAGALOWSKI, Berlin

(Mitteilung aus dem Zentralen Geologischen Institut, Berlin)

Kolonnenprofile werden für die Darstellung geologischer Untersuchungsergebnisse gewöhnlich dann angefertigt, wenn sich die Aufschlüsse noch in so großen Abständen voneinander befinden, daß ihre maßstäbliche Darstellung in Form von Schichtenschnitten auf Schwierigkeiten stößt. In diesen Fällen werden die in meist unregelmäßigen Abständen voneinander befindlichen Aufschlüsse in gleichen Abständen auf der Zeichnung dargestellt. Durch diese Art der Darstellung sind Verzerrungen der Winkel- und Gefällewerte unvermeidlich (Abb. 1).

Zur Lösung einer Reihe geologischer Aufgaben ist es notwendig, zur Klärung der Lagerungsverhältnisse die wahren Winkel- und Gefällewerte an bestimmten Horizonten zwischen benachbarten Aufschlüssen zu ermitteln. Falls derartige Auswertungen bisher überhaupt

Eingang des Manuskripts in der Redaktion: 23. 7. 1971.

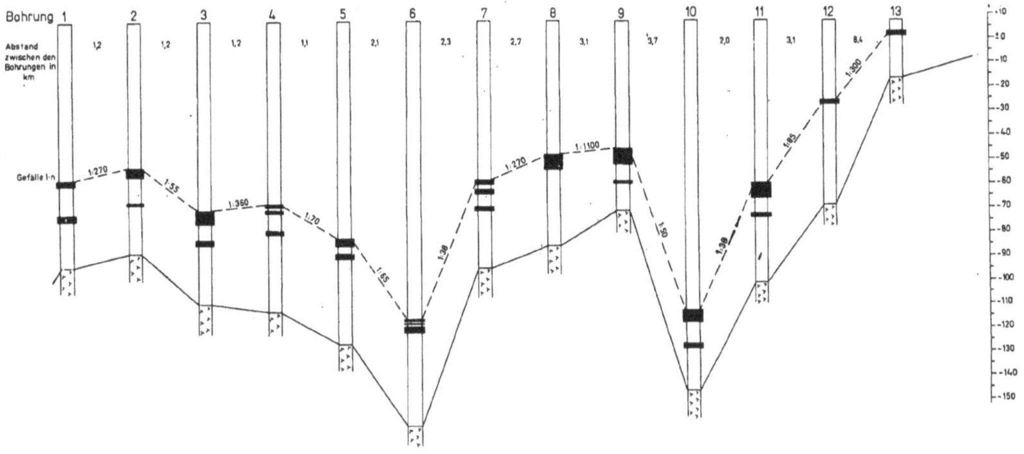

Abb. 1. Kolonnenprofil (vorhandene Verwerfungen nicht dargestellt)

Abb. 2. Nomogramm II (Nomogramm zur Korrektur der scheinbaren Winkel- und Gefällewerte)

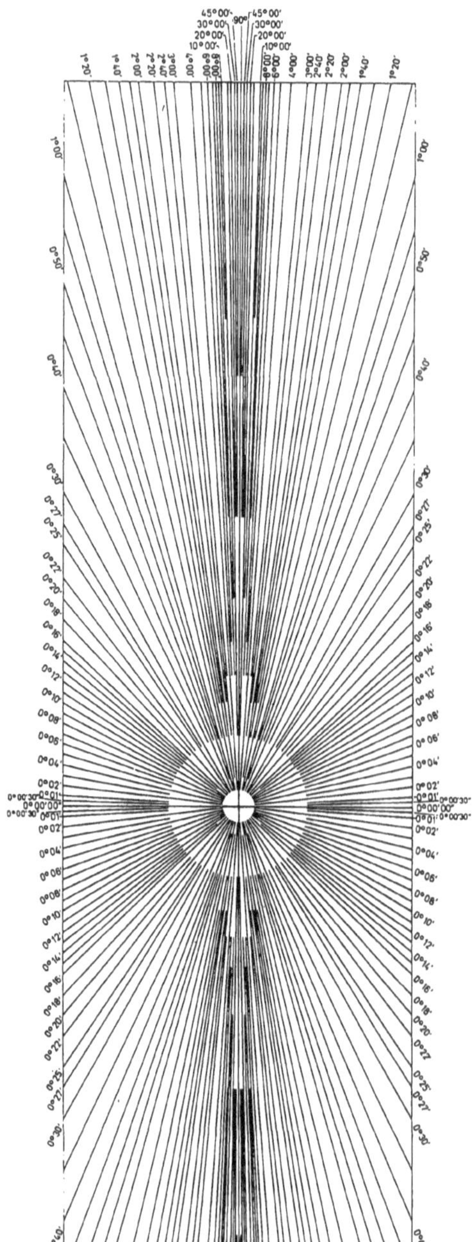

Abb. 3. Nomogramm I (Nomogramm zur Ermittlung der scheinbaren Winkel- und Gefällewerte)

durchgeführt wurden, dann mit Hilfe umständlicher Rechenoperationen: Ermittlung der Höhendifferenzen und der Abstände der Aufschlüsse, rechnerische Ermittlung der Winkelfunktionen, zweckmäßigerweise der Tangenswerte, Ablesung der Winkelwerte und auf ähnliche bekannte Weise auch rechnerische Ermittlung der Gefällewerte. Meist wurden derartige Auswertungen von Kolonnenprofilen auf Grund der damit verbundenen Rechenarbeit völlig unterlassen.

Die vom Verf. entworfenen Nomogramme haben den Zweck, eine schnellere und einfachere Auswertung der Winkel- und Gefällewerte in Kolonnenprofilen zu ermöglichen. Die Auswertung geht folgendermaßen vor sich:

Zunächst wird der Winkel des scheinbaren Gefälles (verzerrte Darstellung) im Kolonnenprofil gemessen; danach erfolgt eine Korrektur dieses Winkels unter Berücksichtigung der verschiedenen Abstände zwischen den Aufschlüssen, wodurch die tatsächlichen Winkel- und Gefällewerte erhalten werden.

Hierzu wurden zwei Nomogramme entworfen:

Nomogramm I: Nomogramm zur Ermittlung der scheinbaren Winkel- und Gefällewerte (Abb. 2);

Nomogramm II: Nomogramm zur Korrektur der scheinbaren Winkel- und Gefällewerte (Abb. 3).

Zur Erläuterung des Verfahrens ein Beispiel: Ist beispielsweise der Maßstab der dargestellten Aufschlüsse 1:500, aber die Übersichtskarte, die als Grundlage für die Auswertung verwendet wird (mit eingetragenen Bohrungen), im Maßstab 1:100000 und werden die Aufschlüsse im Kolonnenprofil in Abständen von 5 cm dargestellt, so entspricht die Darstellung zweier Aufschlüsse, die sich in 5 km Abstand voneinander befinden, einem Überhöhungsverhältnis von 1:200 (Abb. 1 und 2 können aus drucktechnischen Gründen nur verkleinert dargestellt werden).

Sollen aus einem in diesem Überhöhungsverhältnis dargestellten Kolonnenprofil die Winkel- und Gefällewerte ermittelt werden, so sind diese mit dem Nomogramm I direkt in der tatsächlichen Größe abzulesen, falls das Nomogramm auf dieses Überhöhungsverhältnis ausgelegt ist. Hierbei ist der Schnittpunkt sämtlicher Linien auf dem Punkt anzulegen, von dem aus gemessen werden soll, und es ist dann mit der 90°-Marke auszurichten wie ein Winkelmesser mit einer normalen Gradteilung. Entsprechend dem Verlauf der Verbindungslinie zwischen Punkten von zwei Aufschlüssen, die im Kolonnenprofil benachbart sind, ist es dann möglich, die entsprechenden Winkelwerte aus dem Nomogramm abzulesen. Es sei nochmals darauf hingewiesen, daß bei einem Abstand der beiden Aufschlüsse von 5 km das Nomogramm I allein genügt, um den wahren Winkelwert zu ermitteln.

Sind die Abstände zwischen den einzelnen Aufschlüssen kleiner oder größer als der für Nomogramm I zugrunde gelegte Abstand (also 5 km), sind zunächst die Winkelwerte auf gleiche Weise wie oben beschrieben aus dem Kolonnenprofil zu entnehmen. Da die Abstände in dem erwähnten Beispiel kleiner oder größer als 5 km sind, wird mit dem Nomogramm nicht der wahre Winkelwert, sondern der scheinbare (verzerrte) Winkelwert erhalten. Mit diesen erhaltenen scheinbaren Werten ist in das Nomogramm II zu gehen, und entsprechend der Entfernung der Aufschlüsse voneinander ist der Wert zu korrigieren. (Das Nomogramm II kann verwendet werden für Entfernungen von 10 m bis 100000 m und genügt damit allen praktisch vorkommenden Aufgaben.)

Hierbei sind die gemessenen (scheinbaren) Winkelwerte auf der 5000-m-Linie aufzusuchen und in diagonaler Richtung bis zu dem tatsächlichen Abstand, der kleiner oder größer als 5000 m ist, zu verfolgen. Eine im Schnittpunkt der waagerecht verlaufenden Abstandslinie mit der diagonal verlaufenden Linie des scheinbaren (gemessenen) Winkelwerts errichtete Senkrechte zur 5000-m-Abstandslinie gibt den wahren Winkelwert an (in Altgrad).

Die den Altgradwerten entsprechenden Werte in Neugrad sowie Gefälle in %, 100/*n*, und Gefälle 1:*n* sind auf dem senkrechten Skalenteil (rechts) abzulesen. Diese Anordnung erwies sich gegenüber der waagerechten Anordnung mehrerer Skalen für die Ablesung günstiger.

Zusammenfassung

Es wurden Nomogramme für die Ermittlung von Winkel- und Gefällewerten aus Kolonnenprofilen entwickelt. Ihre Anwendung wird beschrieben.

Bemerkungen zur Interpretation von Germaniumgehalten in Lagerstättenparagenesen

WERNER SCHRÖN, Freiberg, & GERHARD TISCHENDORF, Berlin

(Sektion Geowissenschaften der Bergakademie Freiberg, Bereich Technik I, Sektionsveröffentlichung Nr. 201, und Zentrales Geologisches Institut, Berlin)

Anlaß zu diesen Darlegungen gibt die kritische Buchbesprechung von G. TISCHENDORF (Z. angew. Geol., **15**, 384, Berlin 1969) über das Freiberger Forschungsheft, C 246 (1969), speziell über die Arbeit „Zur Geochemie des Germaniums, II. Lagerstättengenetische Probleme". In gemeinsamer Aussprache zwischen Autor und Rezensent hat sich ergeben, daß die Buchbesprechung einerseits den Ergebnissen der genannten Arbeit nicht in vollem Umfang Rechnung trägt und daß andererseits zur Interpretation von Germaniumgehalten für genetische Zwecke noch einige schlußfolgernde Bemerkungen erforderlich sind. Diesem Anliegen soll hier in einigen Details entsprochen werden.

Eingang des Manuskripts in der Redaktion: 23. 9. 1971.

1. Germaniumgehalte

sind für eine Reihe von Lagerstättenparagenesen typisch und lassen sich zur Parallelisierung bzw. Unterscheidung von Paragenesen verwenden. Die Germaniumgehalte von syngenetischem Quarz eignen sich aus mehreren Gründen besonders gut für die Charakterisierung des betreffenden Bildungsprozesses. Diese Erfahrung ist neu und wird für künftige Untersuchungen von Interesse sein.

Naheliegend ist die Frage nach den Ursachen der unterschiedlichen Ge-Gehalte in pegmatitischen, pneumatolytischen und hydrothermalen Bildungen. Die Germaniumgehalte der Silikatgesteine und vermutlich auch der entsprechenden Magmen, die im allgemeinen als Edukt der Lagerstättensubstanz angesehen werden müssen, schwanken nur in sehr geringen Grenzen. Demzufolge können die Ursachen für die in den Lagerstättenparagenesen auftretenden relativ großen Unterschiede des Germaniumgehalts (1 bis 1,5 Zehnerpotenzen) weniger im Edukt dieser Bildungen gesucht werden, sondern aller Wahrscheinlichkeit nach bei den Prozessen, die zur Mobilisierung lagerstättenbildender Phasen (Lösungen, überkritischer Phasen) bzw. zur Bildung postmagmatischer Mineralisationen führen.

2. Hohe Germaniumgehalte

treten häufig in Vergesellschaftung mit fluorführenden bzw. fluorhaltigen Mineralen auf. Zu dieser Gruppe von Paragenesen zählt eine Reihe von Pegmatiten (z. B. Bikiti-Pegmatit, Südrhodesien, und Granitpegmatit von Skogsbole, Finnland) und Lagerstättenparagenesen der Pb–Zn–Ag-Formation (z. B. fba-Formation). Ferner sind ausgesprochen germanium- und fluorarme Mineralparagenesen bekannt, z. B. einige erzgebirgische Pegmatite und die Paragenesen der kb-Formation. Im Falle der kb- und fba-Formation von Freiberg sowie in zahlreichen anderen Vorkommen ist außerdem bekannt, daß die extremen Unterschiede der Ge-Gehalte in den Zinkblenden häufig mit ebensolchen Unterschieden der Bildungstemperaturen dieser Mineralisationen verknüpft sind. (Hochthermale Bildungen sind oft Ge-arm, niedrigthermale Ge-reich.) Für die Deutung dieser Erscheinung ist wesentlich, daß der Parallelität des Verhaltens von Germanium und Fluor in diesen Mineralisationen eine Gesetzmäßigkeit zugrunde liegt. Sie kann mit chemischen Reaktionen erklärt werden. Im Unterschied dazu ist der Zusammenhang mit der Bildungstemperatur nicht immer vorhanden, d. h., er scheint mehr zufälliger Natur zu sein. Während beispielsweise im allgemeinen nur in niedrigthermalen Sphaleriten hohe Ge-Gehalte zu beobachten sind, treten auch in dem schwarzen Hochtemperatursphalerit des Kryolithvorkommens von Ivigtut hohe Germaniumgehalte auf.

3. In einigen Mineralparagenesen

treten erhöhte Germaniumgehalte im Quarz auf, ohne daß gleichzeitig Fluor angereichert ist, z. B. in der fba-Formation sowie in einigen in Quarzporphyren und anderen Gesteinen eingelagerten Hornsteinen bzw. Achatmandeln. Für diese Germaniumanreicherungen sind offenbar andere genetische Voraussetzungen bzw. andere chemische Reaktionen maßgebend als für die unter (2) beschriebenen.

4. Zu den Germaniumwerten

von Wolfram- und Zinnparagenesen ist zu bemerken, daß die Quarze der Zinnerzgänge Germaniumgehalte von 0,8 bis 1 ppm und die der Wolframerzgänge Germaniumgehalte von 2 bis 3,3 ppm führen, d. h., in beiden Fällen sind niedrige Germaniumgehalte zu beobachten. Da in diesem Fall keine Untersuchungsergebnisse bekannt sind, die darauf hinweisen, daß die geringen Unterschiede des Germaniumgehalts (ca. 1 bis 3 ppm) von ebensolchen Unterschieden des Fluorgehalts begleitet werden, ist anzunehmen, daß die beschriebenen Gesetzmäßigkeiten komplex wirken oder noch andere Parameter die Germaniumverteilung steuern können. Diese Feststellung steht jedoch nicht im Widerspruch zu den unter (2) beschriebenen Gesetzmäßigkeiten.

An dieser Stelle möchten wir noch darauf hinweisen, daß die Verknüpfung der Quarz–Zinnstein-Paragenese mit fluorhaltigen Mineralisationen (Topas- bzw. Lithiumglimmerführung) auf S. 23 des Freiberger Forschungsheftes (C 246) nicht klar genug zum Ausdruck gekommen ist.

5. Aufbauend auf diesen Überlegungen

wird in dem obengenannten Freiberger Forschungsheft der Versuch einer genetischen Deutung vorgenommen. Dabei wird an moderne Vorstellungen über die Bildung endogener Mineralisationen angeknüpft, die mehrere Ursachen für die Entstehung der mineralbildenden hydrothermalen bis pegmatitischen Lösungen bzw. Phasen voraussetzen. Offensichtlich muß in den meisten Fällen mit komplizierten Prozessen gerechnet werden, die zu polygenetischen Lagerstättentypen führen.

Ferner sind in diesem Zusammenhang Hinweise auf die Temperatur–Druck-Bedingungen abgeleitet worden, die für diejenigen Prozesse maßgebend sind, bei denen die mineralbildenden Phasen mobilisiert werden. Aus diesen Überlegungen resultiert beispielsweise die Feststellung, daß der hier interessierende Elementinhalt der untersuchten erzgebirgischen u. a. Zinnlagerstätten durch Mobilisierung von Substanzen aus zinnspezialisierten Graniten im Anschluß an die Verfestigung des granitischen Magmas geliefert worden ist. Die Mobilisierung der mineralbildenden Phasen dürfte bei Temperatur–Druck-Bedingungen erfolgt sein, die nicht bis zur Aufschmelzung der elementliefernden Granite geführt haben. Auf diese Weise werden bezüglich der Genese dieser Lagerstätten Vorstellungen gestützt, die der Lateralsekretion bzw. hydrothermalen Mobilisierungserscheinungen nahestehen. Sie werden durch Infiltrationsprozesse beispielsweise im Komplex mit der Entwicklung eines palingenen granitischen Magmas bzw. erneuter Platznahme eines Plutons im Untergrund und damit verbundener Aufheizung sowie unter Einbeziehung von Lösungen unterschiedlicher Herkunft ausgelöst.

Es muß jedoch ausdrücklich darauf hingewiesen werden, daß solche Aussagen nicht allein auf Grund der Verteilung des Germaniums und auch nicht allein mit anderen geochemischen Untersuchungsergebnissen gemacht werden können. Vielmehr führt nach unserem heutigen Wissensstand in den Geowissenschaften nur die komplexe Auswertung unterschiedlichster Meß- und Beobachtungsergebnisse zu Fortschritten bei genetischen Schlußfolgerungen.

Verf. bekennen sich zu der Meinung, daß aus diesem Grund der Hauptwert einer geochemischen Arbeit darin zu sehen ist, daß mit dem Ziel der Durchführung von Stoffbilanzen exakte Daten geschaffen werden. Andererseits ist es natürlich die Aufgabe jeglicher Wissenschaftsdisziplin, die Tragweite bestimmter Untersuchungsergebnisse soweit wie möglich auszuschöpfen. Die gründliche Erforschung der Geochemie eines Elements bietet offenbar außerordentlich wichtige Informationen und Erkenntnisse.

6. Durch einige unglückliche Umstände

bedingt, die nicht zu Lasten der Autoren gehen, ist das Freiberger Forschungsheft, C 246, mit einer erschreckend großen Zahl von Druckfehlern ausgeliefert worden. Das diesem Bändchen beigefügte Berichtigungsblatt enthält mit 96 Korrekturen nur die wichtigsten Richtigstellungen. Die zahlreichen Druckfehler gaben bereits Anlaß zu Mißverständnissen.

7. Die Standardgesteine des ZGI, Berlin,

sind nicht als Eichproben benutzt, sondern zum damaligen Zeitpunkt erstmalig auf das Element Germanium analysiert worden.

Buchbesprechungen

Autorenkollektiv

Geochemie granitoider Gesteine im Erzgebirge und Thüringer Wald

Leipzig: VEB Deutscher Verlag für Grundstoffindustrie 1970. „Freiberger Forschungshefte", C 259, 139 S., 42,—M

In dem vorliegenden Forschungsheft werden zwei Arbeiten veröffentlicht (C. D. WERNER: Geochemie der Brotteröder Serie im Ruhlaer Kristallin; H. BRÄUER: Spurenelementgehalte in granitischen Gesteinen des Thüringer Waldes und des Erzgebirges), die in Form z. T. sehr subtiler und eingehender Untersuchungen einen wesentlichen Beitrag zur Aufnahme des Stoffbestands granitoider und metamorphogener Gesteine im Südteil der DDR liefern.

Der Beitrag von WERNER basiert auf geologisch-petrographischen Untersuchungen. Auf Grund einer relativ großen Zahl von Haupt- und Spurenelementanalysen werden die chemischen Besonderheiten der Amphibolite, Migmatite und Granitoide der Brotteröder Serie umfassend charakterisiert. Neben den Hauptelementen werden die Gehalte und Verteilungsgesetzmäßigkeiten von B, Be, Pb, Ba, Sr, Rb, Zr, Cu, V, Ni, Co und Cr behandelt. Leider sind in die Analysen nicht Sn, Li und F einbezogen worden, Elemente, die — wie an anderer Stelle festgestellt wurde — für die Einschätzung der metallogenetischen Bedeutung der Magmatite von erheblicher Aussagekraft sind. Wie der Autor vermerkt, stellt die vorliegende Arbeit vorerst eine Bestandsaufnahme dar, während die Behandlung der aus den geochemischen Besonderheiten heraus abzuleitenden physikochemischen Bedingungen der Regionalmetamorphose und Migmatisation später und an anderer Stelle erfolgen soll.

Die Arbeit von BRÄUER ist stärker geochemisch-mineralogisch orientiert. Auf Grund der Bestimmung einer großen Zahl von Spurenelementen in granitoiden Gesteinen und in den darin enthaltenen Dunkelglimmern wird versucht, die Granite zeitlich zu gliedern. Es zeigt sich, daß eine ganze Reihe von Elementen die relative Altersstellung ihrer Muttergesteine abzubilden vermag, wobei natürlich regionale primäre Unterschiede nicht unberücksichtigt gelassen werden dürfen. BRÄUER behandelt die Gesetzmäßigkeiten der Verteilung der Elemente Cr, V, Ti, Co, Ni, Ba, Sr, La, Y, Pb, U, Sn, Li, F und B näher. In den meisten Fällen wird auch ihre Verteilung auf die gesteinsbildenden Minerale und die Schwermineralfraktion dargestellt. Dieser Teil der Arbeit birgt reichhaltiges Faktenmaterial, das als Grundlage für weitere regionale Betrachtungen Verwendung finden kann. Der Beitrag BRÄUER berücksichtigt die Literatur bis 1967. Ergebnisse der Arbeiten zur Metallogenie des Zinns (1965—1969) werden nicht zitiert.

Bei Betrachtung der beiden vorliegenden, in sich geschlossenen geochemischen Arbeiten sowie auch anderer, ähnlicher, stellt sich immer wieder die Frage nach der Vergleichbarkeit der Analysendaten. Diese muß gefordert werden. Der meist außerordentlich hohe materielle und geistige Aufwand, der in die Untersuchungen investiert wird, vor allem auch die unbedingte Notwendigkeit der Weiterverwendung und -verwertung für regionale Vergleiche zwingen dazu. In beiden Arbeiten, die allerdings auch nur Auszüge aus einer Habilitationsschrift bzw. einer Dissertation darstellen, werden keine Angaben zur Analytik gemacht. Das Zugrundelegen internationaler Standards (z. B. Standardgesteinsproben des ZGI, Berlin) sollte bei solchen oder ähnlichen umfassenden Untersuchungen obligatorisch sein. G. TISCHENDORF

Hrsg. R. LAUTERBACH

Geophysik und Geologie

Leipzig: BSB B. G. Teubner Verlagsgesellschaft. Folge 14, 96 S., 82 Abb., 18,—M

Folge 14 stellt mit ihren Beiträgen in umfassender Form methodische Probleme der geophysikalischen Untersuchungsarbeiten in den Mittelpunkt und ist damit eine wertvolle Publikation für den in der Erkundungspraxis tätigen Geowissenschaftler. Die bei der komplexen Anwendung geophysikalischer Methoden bei Untertageuntersuchungen zur Erkundung eines Blei-Silber-Erzvorkommens von Čiprovcy erzielten Ergebnisse und die dazu entwickelte Methodik sind Inhalt des Beitrags von S. PISCHTSCHALOW und W. IWANOWA, Sofia. Die geologische Struktur der untersuchten Lagerstätte und die unterschiedlichen physikalischen Parameter der Gesteine boten günstige Voraussetzungen für den erfolgreichen Einsatz der Radiowellenmethodik und der Untertagegravimetrie. Besonderes Interesse verdient der Beitrag von F. JACOBS, Leipzig, der ein brauchbares Berechnungsverfahren und die Anwendung der elektronischen Werteverarbeitung zur Berechnung synthetischer geoelektrischer Sondierungskurven diskutiert. Der gegenwärtige Stand und die Ergebnisse der hochdruckphysikalischen Untersuchungen verschiedener geophysikalischer Institutionen der DDR werden ausgehend von einem Überblick über den internationalen Stand in einem Beitrag von H. STILLER, H.-J. BAUTSCH, E. HURTIG, M. KOPF, F. SCHUPPE, H. VOLLSTÄDT & CH. WAGNER behandelt. Durch geophysikalische Hochdruckuntersuchungen wurden Modellvorstellungen zur komplexen Behandlung elastischer, thermischer und elektrischer Gesteinseigenschaften erzielt.

Den Stand der Anwendung von Rechenautomaten zur Auswertung geophysikalischer Daten in der ČSSR behandelt J. Müller, Brno, wobei ein interessanter Überblick über die derzeitigen Anwendungsgebiete der eingesetzten Datenverarbeitungstechnik und die weiteren Entwicklungstendenzen gegeben wird. Die Bedeutung der Zeitschnitte bei der Einführung der Automation in die Auswertung seismischer Messungen behandeln B. BERÁNEK & M. ZOUNKOVÁ, Brno. An praktischen Beispielen werden einige Fälle der grenzflachen Modelle, die als Grundlage für die geologische Interpretation der Zeitschnitte dienen, demonstriert. An Beispielen aus verschiedenen Gebieten der ČSSR wird die Zweckmäßigkeit der Anwendung der Zeitschnitte bei der Bearbeitung reflexionsseismischer Messungen behandelt. Die Verwendung verschiedener Arten der Tonbandregistriertechnik bei der Verarbeitung von Daten auf seismischen Analoganlagen in Ungarn werden im Beitrag von H. J. POLCZ, G. SZEIDOVITZ & S. Z. VOYNAROVICH, Budapest, behandelt, wobei insbesondere die Möglichkeit der Bearbeitung von Tonbandaufnahmen nach der RNP-Methode durch Umspielen der Tonbänder auf Film eine ökonomisch effektive Methode darstellt.

Die Beiträge der Folge 14 behandeln aktuelle Probleme der geophysikalischen Praxis. Sie sind damit insgesamt eine wertvolle wissenschaftliche Publikation. R. TÖPFER

Hrsg. R. LAUTERBACH

Geophysik und Geologie

Leipzig: BSB B. G. Teubner Verlagsgesellschaft. Folge 15, 87 S., 64 Abb., 18,—M

Mit den Beiträgen in Folge 15 findet die Petrophysik als verbindende Wissenschaftsdisziplin zwischen Geophysik, Geochemie und Geologie besondere Beachtung. Damit wird diese Folge in besonderem Maße dem Anliegen dieser Schriftenreihe gerecht, zur Synthese zweier Wissenschaften, der Geologie und der Geophysik, beizutragen.

Das Problem der Messung gesteinsphysikalischer Parameter unter den im Teufenbereich von 6 bis 8 km herrschenden hydrostatischen Druckbedingungen behandelt der Beitrag von H. STILLER, C. WAGNER, R. HEINRICH & D. FREUND, wobei insbesondere die Probleme der Schallgeschwindigkeit unter diesen Druckbedingungen behandelt und verschiedene Darstellungsmethoden für die Zusammenhänge mit der Petrographie der verwendeten Gesteinsproben diskutiert werden. Es wird eine Möglichkeit aufgezeigt, das physikalische Verhalten und die mineralogischen Eigenschaften für verschiedene Gesteine einheitlich zu charakterisieren. Dieser Beitrag erlangt besondere Bedeutung für die seismische Tiefenerkundung.

Die Probleme der Bestimmung von Gesteinsschallgeschwindigkeitswerten unter Beachtung der natürlichen Sättigung, des Unterlagerungsdrucks und der Temperatur sowie die Anwendung der druckkorrigierten Sättigungs- und Schallgeschwindigkeitswerte longitudinaler Wellen für Belange der praktischen Seismik werden im Beitrag von M. KOPF, I. SCHRAGE & F. SCHUPPE, Leipzig, „Petrophysik — ein Hilfsmittel seismischer Erkundung" behandelt.

Die Nutzung von bohrlochphysikalischen Messungen der Schallgeschwindigkeit und elektrischen Leitfähigkeit zur indirekten Bestimmung der Wärmeleitfähigkeit, wie sie im Beitrag von P. SCHLOSSER behandelt wird, trägt zur Erhöhung der Repräsentanz von Wärmeflußmessungen bei. Die vom Autor vorgelegte Karte der geothermischen Hauptelemente auf dem Gebiet der DDR zeigt die Möglichkeiten, die der Geothermie perspektivisch bei der Abgrenzung großregionaler Einheiten eingeräumt werden könnten. Diese Ausführungen werden durch einen Beitrag von U. J. MOISEJENKO u. a. Autoren über „Abhängigkeit des Wärmeflusses von physikalischen Parametern", mit dem ein Überblick über die Ergebnisse der komplexen Untersuchung der geophysikalischen Eigenschaften der klastischen Gesteine im Westsibirischen Tiefland gegeben wird, hervorragend ergänzt.

Besondere Beachtung sollte auch der Beitrag von G. LÖSER, Leipzig, finden, der Probleme behandelt, die sich im Zusammenhang mit dem Einsatz geophysikalischer Verfahren zur Erkundung verdeckter tektonischer Störungen ergeben. Dabei werden die Grenzen und Möglichkeiten der geophysikalischen Methodik für den speziellen Fall der Störungssuche rahmenmäßig festgelegt. Insgesamt ist Folge 15 empfehlungswert für jeden in der geologischen Praxis tätigen Geowissenschaftler. R. TÖPFER

RIKITATE, T.

Earthquake Mechanics; special issue of Tectonophysics, vol. 9, 2/3, 1970

Amsterdam: Elsevier Publishing Company, 1970. 300 S., 22,20 Dfl.

Das vorliegende Heft aus der bekannten Reihe Tectonophysics gilt dem im September 1969 in Madrid stattgefundenen Symposium über Erdbebenmechanik, das von verschiedenen internationalen Vereinigungen veranstaltet bzw. gefördert wurde. Die Vorträge waren dabei auf kein spezielles Thema zugeschnitten, so daß einer Vielfalt an Gedanken und Problemen Raum gegeben war.

Das sowjetische Kollektiv, Ju. D. BOULANGER, A. K. PEWNEW und W. B. ENMAN, geht im ersten Beitrag „On variations of recent crustal movements on Garm and Nimichi polygons" auf Beobachtungen an Höhenmarken in einem seismisch aktiven Gebiet in Zentralasien ein. Es wird vermutet, daß die aufgetretenen Änderungen Anzeichen für ein Erdbeben in naher Zukunft sind. Unter dem Titel „Seismogenesis" wendet sich F. F. EVISON (Neuseeland) an Hand mathematischer und physikalischer Modelle theoretischen Betrachtungen zu und leitet eine tiefenmäßige Staffelung der Phänomene am Herd ab. M. ARSOVSKY und D. HADZIEVSKY (Jugoslawien) zeigen den Zusammenhang von Neotektonik und Seismizität in Mazedonien auf. In dem Vortrag „Some characteristic features of the Anatolian fault zone" gibt N. N. AMBRASEYS (England) die Ergebnisse seiner Untersuchungen über Erdbeben in der Türkei bekannt.

Eine andere Arbeitsrichtung vertritt T. NAGATA (Japan) mit dem Beitrag „Basic magnetic properties of rocks under the effects of mechanical stresses". Die Theorie der Veränderung der magnetischen Gesteinseigenschaften unter einseitigem Druck scheint die experimentellen Ergebnisse zu bestätigen. Es kann eine Änderung des geomagnetischen Feldes in der Größenordnung von ca. 10 Gamma im Zusammenhang mit einem Erdbeben mittelgroßer Magnitude erwartet werden.

Über die Beobachtung von Spannungsänderungen mit Hilfe eines Widerstandsvariometers berichteten T. RIKITATE und Y. YAMAZAKI (Japan). Überraschenderweise können damit noch Erdbeben in über 1000 km Epizentralentfernung wahrgenommen werden. Die Beiträge von J. H. HEALY, R. M. HAMILTON und C. B. RALEIGH (USA) befassen sich mit technisch erzeugten Beben. Sie vergleichen die Beben, die durch Injektion von Flüssigkeiten bei Denver (Colorado) bzw. durch Kernexplosionen in Nevada erzeugt wurden. Unter dem Titel „Seismes artificiels" untersucht J. P. ROTHÉ (Frankreich) hauptsächlich Erschütterungen, die in Folge des Baus von Staudämmen auftreten. Das Ziel dieser Arbeiten ist, Hinweise für die Voraussage natürlicher Beben zu erhalten.

In ihrem Artikel „On certain anomalies in the variations of crustal strains before strong earthquakes" legen L. A. LATYNINA & R. M. KARMALEYEWA (Sowjetunion) ihre Untersuchungen an den Stationen Talgar und Garm vor; die mittels Extensiometer beobachteten Anomalien sind durch große Spannungsänderungen einige Tage vor dem Beben gekennzeichnet.

Ein weiteres sowjetisches Kollektiv: S. A. FEDOTOW, N. A. DOLBILKINA, W. N. MOROZOW, W. I. MYACHKIN, W. B. PREIBRASENSKY & G. A. SOBOLEW, widmet sich der Erdbebenvorhersage. Dabei stützen sich die Verf. u. a. auf Abweichungen im tellurischen Feld und zeitliche Änderungen von Amplitude und Geschwindigkeit der P-Wellen. Zwei weitere Arbeiten behandeln das gleiche Problem: J. OLIVER (USA) „Recent earthquake prediction research in the USA" und H. KANAMORI (Japan) „Recent developments in earthquake prediction research in Japan". Die Reihe der interessanten Vorträge schließt mit dem Beitrag „Use of microearthquakes in the study of the mechanics of earthquake generation along the San Andreas fault in Central California" von J. P. EATON, W. H. K. LEE & L. C. PAKISER (USA), worin mit Hilfe der kleinen Beben im Bereich der St.-Andreas-Spalte die Erdbebenmechanik untersucht wird. BORRMANN

SINKANKAS, J.

Prospecting for Gemstones and Minerals

New York, Cincinnati, Toronto, London, Melbourne: Van Nostrand-Reinhold Company 1970. 133 Abb., 2 Tab., 397 S., 3,50 £

In neun sachlich unterschiedlichen Kapiteln: Erkundungs- und Sammlungsexkursionen; geologisches Handwerkszeug und dessen Handhabung; Gesteinseinteilung und ihre Erkennungsmerkmale; Genese von Mineralvorkommen; Geländemerkmale der Mineralvorkommen; Sammlungsmethoden; Präparierung von Probenstücken; Aufbewahrung und Ausstellung, Handel von Mineralstücken und Edelsteinen — werden sowohl dem aktiven Gesteins- und Mineraliensammler als auch dem sammlungsfreudigen Geologen, die der englischen Sprache kundig sind, Anleitung und Ratschläge für das Auffinden und Sammeln von Mineralien gegeben Es wird aufgezeigt, wie und wo Mineralien und Edelsteine zu finden sind und daß sie nur an ganz bestimmten Plätzen vorkommen, die durch geologische Gesetzmäßigkeiten bestimmt sind. Der Sammler muß auch die kleinsten Anzeichen erkennen und geologisch richtig deuten können, um die oft an der Tagesoberfläche nicht freiliegenden Mineralvorkommen aufzuspüren und zu finden. Dieses Buch ist ihm dafür ein guter und wertvoller Wegweiser Viele inhaltlich klare Abbildungen und Photographien tragen zum besseren Verständnis des geologischen Inhalts für den Leser bei.

Die einzelnen Kapitel haben deskriptiven Charakter, so daß objektiv beobachtbare Fakten übermittelt werden, deren Inhalt für den Interessenten stets aktuell bleibt. Ihr Inhalt ist für den Praktiker im Gelände zugeschnitten.

Die klassische Zeit des eigentlichen Mineralsammelns im Gelände ist bereits vorüber. Für geologisch Arbeitende sind in diesem Buch jedoch wertvolle Anregungen sowohl für eine Zusammenstellung von geologischem Handwerkszeug für Feldarbeiten und dessen einfache und richtige Anwendung als auch Hinweise und Ratschläge für ein oft notwendiges Präparieren und die anschließende Archivierung bzw. Schaustellung von Stücken gegeben. Es wäre zu überlegen, ob wir bei unserer praktischen Tätigkeit im Gelände durch die Anwendung von hier beschriebenen bewährten Hilfsmitteln die Arbeit rationeller gestalten könnten

B Schirmer

Keller, G.

Angewandte Hydrogeologie

Hamburg Verlag Wasser und Boden, Axel Lindow & Co., 1969. 1. Auflage, 411 S., 240 Abb , 38 Taf.

Das vom Autor mit einem Umfang von 411 Seiten ausgelegte Buch behandelt die breite Grundlage eines vielzweigig in andere Disziplinen unterstützend hineinreichenden Fachgebiets, dessen Anwendungsmöglichkeit gegenwärtig bei weitem noch nicht ausgeschöpft wird.

Immer wieder ist das Grundwasser Hauptursache von Schadensfällen, die in Unkenntnis hydrogeologischer Prozesse und Gesetzmäßigkeiten auftreten. Ebenso ist die bewußte Ausnutzung aller Möglichkeiten, die sich vom unterirdischen Wasser, seinen grundlegenden und regionalen Bedingungen her ergeben oder ableiten lassen, selbst in Fachkreisen noch unbefriedigend. Jede gezielte Verbreitung der sich laufend erweiternden Erkenntnisse auf diesem Sektor ist daher zu begrüßen. Der Autor wendet sich mit der gewählten Zusammenstellung bewußt an einen breiten Kreis von Interessenten. So wird dieses Buch in gewissem Sinne zu einem Nachschlagewerk für Landwirte, Bodenkundler, Grundwasserchemiker, Grund- oder Tiefbauer, Wasserbauer, Wasserwerker, Straßenbauer, Hygieniker, Berg- und Bohrfachleute und nicht zuletzt für Geologen. Schon diese Breite läßt vermuten, daß dem Autor für die Behandlung spezieller Teilprobleme kaum Platz zur Verfügung stand Das Buch ist leicht überschaubar; der Autor hat es verstanden, alle geeigneten Abschnitte durch prägnante Beispiele und gutgewählte Abbildungen anschaulich zu gestalten.

Die Überschrift und der Inhalt des Buches sind etwas ungewohnt. Der Autor drückt dies im Vorwort durch den erläuternden Satz, daß „dieses Buch der fortschrittlichen Geologie, der angewandten oder Ingenieurgeologie, dienen will", aus Ingenieurgeologie ist hier in maximal erweitertem Sinne gebraucht. Das Buch gliedert sich in fünf Kapitel.

Kap 1 beschäftigt sich mit der für den Bestand des Grundwassers unerläßlichen Festsubstanz des „oberen Teils der Erdkruste", abgestimmt auf die Belange der nachfolgenden Kapitel. Speziell befaßt sich dieses Kapitel mit dem landwirtschaftlich genutzten Boden.

Kap 2 beinhaltet das „Substratwasser" oder das unterirdische Wasser. Es erscheinen der Reihe nach der irdische Wasserhaushalt, die physikalischen Eigenschaften des Wassers, das unterirdische Wasser, die Grundwasserleiter, Maßnahmen zur Vermehrung des Grundwasserandrangs, die Substratwasseraustritte, das Substratwasser bei Ingenieurbaumaßnahmen und das Grundwasser als Trinkwasser.

Kap. 3 ist dem Eingriff des Menschen in den Grundwasserhaushalt gewidmet. Hierunter werden besonders die Grundwasserspiegelveränderungen, die Abwasserbeseitigung durch Sickerschächte und Schluckbohrungen, die hydrogeologischen Veränderungen in Bergbaugebieten sowie die Grundwasserentziehung im allgemeinen und die landwirtschaftlichen Schäden im besonderen abgehandelt.

Kap 4 befaßt sich ausführlich mit dem Grundwasserschutz, und Kap. 5 streift rechtliche Belange.

J Zieschang

Plagemann, W , & W. Langner

Die Gründung von Bauwerken

Leipzig, BSB B. G. Teubner Verlagsgesellschaft 1970. Teil 1. 392 S., 317 Abb., 30 Taf., 16,5 × 23,0 cm, 35,50 M

Die Grundlage des vorliegenden Buches, dem ein zweiter Band folgen soll, bildet die im Jahre 1958 erschienene „Gründung von Hoch- und Ingenieurbauten". Während der erste Band zunächst die für die Gründung benötigten allgemeinen Grundlagen und Hilfsverfahren bringt, soll sich der zweite Band mit der Gründung i. e. S. und ihrer konstruktiven Seite beschäftigen.

Die Verf. haben bei der Behandlung des 1. Teils auf eine grundlegende theoretische Abhandlung des dargebotenen Stoffs verzichtet. Sie weisen richtig darauf hin, daß es auf dem Gebiet der Baugrundmechanik sehr gute und moderne Standardwerke gibt Das Anliegen des Buches besteht darin, dem Benutzer die verfahrenstechnische Seite des Arbeitsgegenstands zu vermitteln. Unter diesem Aspekt ist es zu begrüßen, daß sich auch die erforderlichen Grundlagen, z B. die Beschreibung des Baugrunds, auf die Bedeutung für die Gründung und die Verbesserung des Baugrunds, auf die prinzipiellen Technologien und die Bedeutung als Gründungshilfsverfahren beschränken. Dabei sind alle für die Gründungsverfahren wichtigen Probleme in übersichtlicher und rationeller Form abgehandelt worden. Nach jedem Kapitel folgt eine Zusammenstellung der Literatur, die dem Benutzer des Buches Hinweise über eine weitere Vertiefung des Stoffs gibt.

Der erste Band des Werkes ist in 8 Kap. gegliedert

1. Baugrund (47 S.); 2. Baugrunduntersuchungen (25 S); 3. Frosteinfluß im Baugrund (14 S.); 4. Erddruck, Erdwiderstand und Standsicherheit (47 S), 5 Setzungen (38 S.), 6. Verbesserung des Baugrunds (40 S.); 7. Baugrube (74 S.); 8. Spundwände (76 S.)

Die im zweiten Band behandelten Themen werden wie folgt angekündigt Gründungen im Trocknen, Gründungen im Nassen, Gründung dynamisch beanspruchter Bauwerke, Verstärkungs- und Unterfangungsarbeiten; Durchörterungen und Unterdükungen, Grundwände, Verankerungen, sonstige Hilfsmittel, Sperrungen und Dichtungen.

Zusammenfassend kann man feststellen, daß das vorliegende Buch sowohl für den in der Ausbildung befindlichen als auch für den in der Baupraxis tätigen Geologen geeignet ist, sich das erforderliche Grundwissen anzueignen. Auch der Geotechniker der Praxis wird es als Anleitung für praktische Gründungsaufgaben verwenden.

F. Reuter

Pietzsch, W.

Ingenieurbiologie

Berlin, München, Düsseldorf: Wilhelm Ernst & Sohn 1970. 120 S , 92 Abb., Leinen 39,— DM

In diesem Buche spricht Verf besonders die Ingenieure und Techniker an, die hauptsächlich im Bauwesen und im Bergbau tätig und maßgeblich an der Umgestaltung der natürlichen Umwelt in eine Industrielandschaft beteiligt sind. Der planende und ausführende Ingenieur soll seine Arbeiten auf die natürlichen Standortverhältnisse abstimmen und lebendes Baumaterial für die Gestaltung und Bauausführung vorteilhaft nutzen, um Störungen des landschaftlichen Gefüges zu vermeiden. Der Ingenieur darf dabei selbst nicht zum Landschaftsgestalter werden, sondern muß vor allem die Probleme erkennen und sie in Zusammenarbeit mit dem Landschaftsgestalter lösen.

Im ersten Kap werden die Wechselbeziehungen zwischen den Menschen und der Natur beschrieben und auf die Bedeutung der Umwelt als Lebensraum hingewiesen. Weiterhin wird herausgestellt, daß der Mensch nicht nur ein Glied der Natur ist, sondern im Laufe der Entwicklung selbst zu ihrem Gestalter heranwuchs und für ihre Erhaltung verantwortlich ist, um die steigenden Bedürfnisse der Menschheit weiterhin zu sichern. Es folgen dann im zweiten Kap. allgemeine bodengeologische, biologische, hydrogeologische, klimatische, und pflanzenphysiologische Grundlagen, die für das Verständnis der drei folgenden Kap. notwendig sind. So wird im dritten Kap. die Bedeutung der Pflanze als Standortweiser beschrieben und eine Zusammenstellung der wichtigsten standortanzeigenden Pflanzen gegeben. Im vierten Kap. werden die Auswirkungen der Bautätigkeit des Menschen auf das natürliche Lebensmilieu umrissen. Es folgen die biologischen Baumaßnahmen im fünften Kap., vorrangig unter dem Gesichtspunkt verschiedener Arten des Bauwesens sowie zur Sanierung von Eingriffen in die Landschaft und von geodynamischen Prozessen.

In dem vorliegenden Buch gelang es dem Verf., die Zusammenhänge zwischen der Verwendung der Pflanze als lebendigem Bauelement unter landschaftserhaltendem Aspekt in Verbindung mit technischen Bauweisen besonders für Ingenieure und Techniker darzustellen. Der Text wird durch Abbildungen, Tabellen und Zusammenstellungen ausgezeichnet ergänzt. Zur Vertiefung des Stoffes wurde ein Verzeichnis der wichtigsten Literatur auf ingenieurbiologischem Gebiet angefügt. G. MEIER

KUHN, O.

Die vorzeitlichen Vögel: Die Neue Brehm-Bücherei, Nr. 435

Lutherstadt Wittenberg: A. Ziemsen-Verlag, 1971. 72 S., 38 Abb., 5.30 M

Der Verlag der Neuen Brehm-Bücherei schreitet mit Erfolg fort, gestraffte Darstellungen wesentlicher Gruppen fossiler Vertebraten zu bieten (vergl. auch die Nrn. 423 und 432). Im vorliegenden Heft bietet der Name des Verfassers die Gewähr für eine einwandfreie Darstellung des Stoffes. Auch wenn es im Vorwort heißt, daß dieses Heft als Ergänzung der zahlreichen Brehm-Hefte über die rezente Ornis gedacht sei, so ist es doch inhaltlich wohl abgegrenzt, völlig selbständig und jenen durchaus gleichberechtigt. Hauptinhalt des Bändchens sind die kurze Beschreibung der bekannten fossilen Reste und ihre systematische Einreihung. Betrachtungen über gesicherte oder mögliche Verwandtschaftsbeziehungen sind eingestreut. Der berühmte Archaeopteryx wird dabei trotz seiner zahlreichen reptilhaften Merkmale als durchaus echter Vogel betrachtet. Die Form scheint aber nicht Ahnherr unserer rezenten Vögel zu sein, sondern einen frühen Seitenzweig zu repräsentieren. Die Aufhellung der Stammgeschichte der Vögel ist allerdings besonders schwierig. Ihre Lebensumstände waren eben seit je für eine Fossilisierung nicht günstig. Am ehesten können die Leichen von Wasservögeln einer raschen Zerstörung entgehen. So sind viele fossile Arten nur durch einzelne Knochenfunde bekannt; ganze Skelette sind immer nur Ausnahmen.

Die reiche Illustrierung des Heftchens ist hierzu sehr anschaulich und lockert zudem den knapp gehaltenen Text ausgezeichnet auf. H. PFEIFFER

W. I. SMIRNOW

Geologie der Lagerstätten mineralischer Rohstoffe

Leipzig: VEB Deutscher Verlag für Grundstoffindustrie, 1970, 563 S., 330 Abb., 50 Tab., 55,— M

Mit der „Geologie der Lagerstätten mineralogischer Rohstoffe“ des bekannten sowjetischen Wissenschaftlers W. I. SMIRNOW erschien in deutscher Sprache ein Buch, das eine beachtliche Lücke im DDR-Lehrbuchangebot schließt. Es ist übersichtlich gegliedert und reich illustriert, wodurch der dargebotene Stoff anschaulicher und aufgelockerter wird. Bedauernswert ist, daß als Grundlage für die Herausgabe in der DDR nicht die indessen vorliegende neueste Ausgabe (1969), sondern eine ältere (1965), diente.

Das Buch beginnt mit einer Einteilung der Lagerstätten, wobei der Autor bereits in der Überschrift sein Anliegen verdeutlicht, vor allem industrielle Gesichtspunkte als Gliederungsgrundlage zu wählen. In diesem ersten Abschnitt wird somit die Praxisbezogenheit, die sich durch das gesamte Werk hinzieht, unterstrichen. In diesem Sinne stellt es die logische Ergänzung zu dem vom gleichen Autor (1954) in russischer Sprache erschienenen Buch „Geologische Grundlagen der Suche und Erkundung von Erzlagerstätten“ dar.

Die Praxisbezogenheit der Ausführungen wird noch deutlicher im nachfolgenden größeren Abschnitt, der sich mit der Klassifizierung der erzführenden Flächen sowie der Morphologie, der mineralogischen und chemischen Zusammensetzung der Lagerstätten befaßt. Hier bestechen, wie auch an anderen Stellen, die knappen, prägnanten Beschreibungen und die sparsame Verwendung von Worten zugunsten einprägsamer graphischer Darstellungen und tabellarischen Übersichten. Teilweise hat man aber auch den Eindruck, daß der Vorsatz, sich zu beschränken, zu unnötig starken Einschränkungen geführt hat. So hätte das Lehrbuch sicherlich an Vollständigkeit gewonnen, wenn über die angeführten Verbreitungsflächen hinaus, die weitere Einteilung metallogenetischer Einheiten aufgenommen worden wäre.

Daß W. I. SMIRNOW gleichfalls zu den bedeutendsten Theoretikern der Sowjetunion auf dem Gebiet der Lagerstättenbildung gehört, zeigt sich vor allem im Abschnitt des Buches über die geologischen Bildungsbedingungen der Lagerstätten. Hierbei soll die spezielle Aufmerksamkeit des Lesers auf die Gliederung nach den Geosynklinaltypen A, B, C, D gelenkt werden, was in dieser Form, d. h. in bezug auf die Metallogenie, ein Verdienst des Autors ist.

Der Hauptteil des Buches ist der Beschreibung von Lagerstätten gewidmet (Abschnitte 4 bis 13). Als Gliederung wurde auch hier keine streng genetische Einteilung der Lagerstätten gewählt, vielmehr berücksichtigt die zugrunde gelegte Einteilung in erster Linie die unterschiedlichen Methoden im Prozeß der Suche und Erkundung bei den verschiedenen Lagerstättentypen. Sicherlich kann die vorgenommene Einteilung (intramagmatische Lagerstätten, Pegmatitlagerstätten, Karbonatitlagerstätten, Skarnlagerstätten, hydrothermale Lagerstätten, Verwitterungslagerstätten, Seifenlagerstätten, sedimentäre Lagerstätten, metamorphogene Lagerstätten) dem Fachmann Anlaß zur Diskussion geben, in der praktischen Tätigkeit erleichtert sie jedoch die Information. Von besonderem Interesse dürfte für den Leser in der DDR der Abschnitt über die geologischen Strukturen der Lagerstätten sein. Hier werden für die verschiedenen Deformationsarten sowohl für kleinere Einheiten als auch für ganze Zonen die Beziehungen zu den prämineralischen, intramineralischen und postmineralischen geologischen Strukturen beschrieben. In dieser Form blieben bisher derartige Beschreibungen weitgehend gesonderten Lehrbüchern vorbehalten. Die hier gegebene Übersicht liefert neben dem Spezialwissen dem Fachmann gute Hinweise für die Ermittlung tektonisch-struktureller erzkontrollierender Faktoren. Dabei wird vorausgesetzt, daß das erforderliche Grundwissen vorhanden ist.

Der abschließende Abschnitt des Buches ist den Gesetzmäßigkeiten der räumlichen und zeitlichen Verteilung von Lagerstätten gewidmet. Damit wird in logischer Folgerichtigkeit der Kreis geschlossen. Gleichzeitig erhält man einen Einblick in die Richtung und Aufgaben der Metallogenie. Die beigefügte Literaturübersicht ist knapp gehalten und für Studierende besonders vorteilhaft abschnittsbezogen.

Neben dem aufgezeigten Wert, den das Buch für Studenten und Fachleute der DDR hat, sind eine Reihe von redaktionellen Mängeln in der deutschen Fassung nicht zu übersehen. Abgesehen von Übersetzungsfehlern, die bei der redaktionellen Bearbeitung hätten bemerkt und ausgemerzt werden müssen, wurden leider auch wissenschaftliche Auffassungen nicht exakt wiedergegeben. So waren den deutschen Redakteuren teilweise die sowjetischen Auffassungen über tektonische Vorgänge nur ungenügend bekannt; denn nicht anders kann die ständige Verwechslung von Geosynklinalentwicklung und orogenetischer Entwicklung gedeutet werden. Eine Reihe von tektonischen Begriffen hat vielfach in der sowjetischen Literatur einen anderen Inhalt als in der deutschsprachigen Literatur. Es erscheint auch nicht gut, wenn in Übersetzungen eigene Begriffe eingefügt werden. So unterscheiden beispielsweise in der Sowjetunion die meisten Autoren nicht nach Minerogenie und Metallogenie, sondern lehnen eine derartige Unterteilung ganz bewußt ab. In die deutsche Übersetzung wurden jedoch beide Begriffe eingefügt. Wenngleich derartige Ungenauigkeiten und Veränderungen in der deutschen Redaktion zu bedauern sind, spricht es andererseits für die Qualität des Buches, wenn dieses dennoch als das gegenwärtig modernste und umfassendste Lehrbuch auf dem Gebiet der Lagerstättenlehre in der DDR angesehen werden kann.

In dieser Hinsicht gebührt den Initiatoren für seine Herausgabe der besondere Dank. S. LÄCHELT

Informationen

Die Entwicklung der Kohleindustrie der UdSSR

Die Vorräte der Sowjetunion an Stein- und Braunkohlen werden zur Zeit auf 8,5 Billionen t geschätzt. Zu den vorrangig zu entwickelnden Lagerstätten, die sich in bereits erschlossenen Gebieten befinden und günstig abzubauen sind, gehören das Donezbecken mit 240 Mrd. t Vorräten und einer derzeitigen Förderung von 200 Mill. t/a, das Kusnezkbecken mit 904 Mrd. t Vorräten und einer derzeitigen Förderung von 100 Mill. t/a und das Kansko – Atschinsker Bassin, das Vorräte in Höhe von 1270 Mrd. t hat, die für den Abbau vorbereitet werden. Auf den Leistungen der beiden erstgenannten Kohlenreviere basiert die Versorgung der drei wichtigsten Metallurgiebasen der Sowjetunion: Ukraine, Ural und Sibirien.

Unter Einbeziehung der Kapazitäten der Energieträger Erdöl, Erdgas und Wasserkraft ergibt sich das Bild, daß sich die hauptsächlichen Reserven in Sibirien befinden mit Erdöl und Erdgas zu 40%, Wasserkraft zu 60%, Kohle zu 90%. Dagegen werden 80% im europäischen Teil der Sowjetunion benötigt. Daher sind langfristig folgende Richtungen zu verfolgen, die auf die Entwicklung der sowjetischen Kohleindustrie von großem Einfluß sind:

1. Nutzung der Reserven des europäischen Teils und des Urals.
2. Lösung der Transportprobleme zwischen Sibirien und Europa. Hier sind bereits Ansätze zu neuen Verfahren vorhanden, da im Donez- und Kusnezkbecken Versuche erfolgreich verliefen, als Abschluß des hydraulischen Transports die Kohle-Wasser-Suspension direkt in Kraftwerken zu verbrauchen.
3. Verlagerung der Industrien mit hohem Energiebedarf nach Sibirien, da die Energieerzeugungskosten dort um 30 bis 50% niedriger liegen.

Zur Steinkohlenproduktion in der VR Polen

Im Rybniker Steinkohlenrevier arbeiten z. Z. 6 neue und 10 ältere Steinkohlengruben, die rd. 12% der gesamtstaatlichen Kohlenproduktion erbringen. Durch neue geologische Erkundungen kamen Vorräte in Richtung auf Opole hinzu. Nach dem Prognoseplan sollen bis 1980 weitere 23 neue Schächte abgeteuft werden. Damit soll eine Steinkohlenförderung von 78 Mill. t allein in diesem Revier erbracht werden, wodurch der Anteil an der Gesamtförderung des Landes auf 30% anwächst.

Kohlenbergbau in der SR Rumänien

Nach Untersuchungen kann die Kohlenproduktion bis 1975 auf 38 bis 40 Mill. t/a und 1980 auf 45 bis 50 Mill. t/a Rohkohle gesteigert werden. Volkswirtschaftlich ist diese Steigerung gerechtfertigt, da z. Z. der Anteil der Rohkohle an der Primärenergie des Landes nur 12% beträgt, während der Kohlenanteil im Weltmaßstab 38,5% ausmacht.

ČSSR steigert Braunkohlenabbau

Nach den Unterlagen des neuen Fünfjahrplans der ČSSR wird dort der Abbau von Braunkohle im nordböhmischen Braunkohlenrevier bedeutend erweitert werden. Mit drei neuen Tagebauen sollen neue Feldesteile erschlossen werden. Die Braunkohlenvorräte in diesem Revier werden mit rund 3,4 Mrd. t angegeben. An jährlichen Investitionen sind ca. 1 Mrd. Kronen vorgesehen. Dadurch soll die Braunkohlenförderung um rund 10 bis 11 Mill. t pro Jahr zunehmen.

Leicht verbesserte Erdgaslage der BRD

Die Erdgasvorräte im Untergrund des Territoriums der BRD werden vom Wirtschaftsverband Erdölgewinnung nach den bisher vorliegenden Ergebnissen der letzten Tiefbohrungen auf 395 Mrd. Nm³ geschätzt. Nach Berechnungen, die das Niedersächsische Landesamt für Bodenforschung aufgestellt hat, können sich diese Vorräte noch um etwa 250 Mrd. Nm³ erhöhen. Im vergangenen Jahr wurden einige weitere vielversprechende Erdgasfunde, namentlich im Gebiet zwischen Weser und Ems, erzielt, die gerechtfertigt erscheinen lassen, eine Steigerung der Erdgasausbeute in der BRD bis auf 19 Mrd. Nm³ im Jahre 1973 vorauszusagen.

Neue Erdöllagerstätte in Spanien

Eine Erdöllagerstätte vor der Ostküste Spaniens, südlich des Ebrodeltas, ist kürzlich von Geologen im Auftrag eines Erdölkonsortiums entdeckt worden. Die erste Bohrung, Amposta Marino C 1, hatte bei Fördertests im Herbst vergangenen Jahres einen Erdölzufluß von etwa 400 t/d erbracht. Untersuchungen ergaben, daß es sich um ein relativ schwefelarmes Erdöl von 19° API handelt. Die zweite Bohrung, Amposta Marino C 2, soll eine Förderleistung von 1000 t/d über einen langen Zeitraum erbringen. Die Gesamtlage kann erst nach Auswertung der dritten fündigen Bohrung, Castellon E 1, beurteilt werden.

Pläne für die Entwicklung der Erdölproduktion in Norwegen

Nach den sensationellen Funden von Erdöl im Nordseebereich von Norwegen steht der Beginn der regelmäßigen Erdölförderung aus dem Off-shore-Feld Ekofisk bevor. Aller Voraussicht nach werden Ekofisk und die benachbarten Lagerstätten schon bald mehr als die doppelte Menge an Erdöl liefern, die Norwegen gegenwärtig pro Jahr verbraucht, nämlich 7 bis 8 Mill. t.

Die weiteren Pläne Norwegens haben selbstverständlich eine weitere eingehende Untersuchung des Nordseeraumes zum Ziel, beziehen aber auch weitere Räume, um die norwegische Inselgruppe Spitzbergen und den Außenposten Jan Mayen, mit ein. Die Nachbarn, mit denen Norwegen in absehbarer Zeit über die Festlegung von Demarkationslinien bis zum Nordpol verhandeln wird, sind im Westen Dänemark mit Grönland, Island sowie die halbautonomen Faröer und im Osten die Sowjetunion. Der norwegische Staat hat bereits seine diesbezüglichen Ansprüche angemeldet.

Neue Schwefelkieslagerstätte in Spanien

Im Zusammenhang mit geologischen Erkundungsarbeiten ist in Aznalcollar, bei Sevilla, eine Schwefelkieslagerstätte mit einem Lagerstätteninhalt von 50 Mill. t Erz entdeckt worden. Diese Lagerstätte wird als bedeutender angesehen als die derzeit in Abbau stehenden Schwefelkiesvorräte am Cerro Collorado bei Huelva, die bislang als die größten Spaniens galten.

Entwicklung der Weltnickelproduktion

Die nickelerzeugenden Länder mit Schwerpunkten in Kanada, im Südwestpazifik, in Lateinamerika und Afrika setzen ihre Erkundungs- und Entwicklungsarbeiten fort. Im Jahre 1975 ist mit einer Produktion zwischen 820000 und 860000 t zu rechnen. Diese Zahl entspricht der Kapazität der Länder außerhalb des sozialistischen Lagers. Vorsichtige

Schätzungen sprechen von 750000 t. Bis 1975 soll allein die Produktion in Kanada auf 280000 bis 285000 t Nickel pro Jahr steigen. Darüber hinaus ist damit zu rechnen, daß Guatemala, Neukaledonien und Indonesien eine zusätzliche Kapazität von rund 70000 t pro Jahr erbringen werden.

Uranerz in der SFR Jugoslawien

880 t Uranerz jährlich soll nach vorläufigen Schätzungen die vorerst einzige Uranfundstelle in Jugoslawien, etwa 30 km von der slowenischen Hauptstadt Ljubljana entfernt bei Zirovski Vrh, liefern. Sollten sich die bisherigen Vermutungen bestätigen, wird mit der Errichtung der Uranförderungsanlage bei Zirovski Vrh 1972 und 1973 und mit der Uranförderung selbst 1975 begonnen werden. Die ersten Untersuchungen haben ergeben, daß pro Tonne Uranerz 1400 g Uranoxid anfallen.

Grundwasser in der Sahara

Eine algerische und tunesische Expertengruppe hat mit Hilfe des UNO-Entwicklungsfonds unter der algerischen und tunesischen Sahara lagerndes Grundwasser festgestellt. Die Vorräte werden auf 30 Mrd. m³ geschätzt. Zur Zeit bemüht sich die Expertengruppe, die rentabelsten Bohr- und Bewässerungsmethoden zu finden, damit die Wasservorräte für die Entwicklung der Saharagebiete genutzt werden können. Zur Zeit sind nur 45000 ha in der algerischen und tunesischen Sahara bewässert.

Der Meeresboden als Rohstoffquelle

Das Meerwasser ist der größte Erzkörper der Welt. Nach neueren sowjetischen Schätzungen soll es über 10 Mrd. t Gold, 4 Mrd. t Uran und 270 Mrd. t schweres Wasser enthalten. Schon heute stammen 20% der Weltproduktion an Steinsalz, 70% des Broms und 61% des Magnesiums aus dem Meer. Gegenwärtig gewinnt man bereits in 100 Bergwerken oder Bohrungen untermeerisch Kohle, Eisen, Schwefel und aus den Schelfgebieten $^1/_6$ der Erdölproduktion der Welt. Es ist abzusehen, daß man schon in den nächsten Jahren die Erdöl- und Erdgasförderung in immer tiefere Schichten des Kontinentalabhangs vortreibt.

Maritime Rohstoffe

Küstenseifen enthalten meist 5 bis 15% Schwerminerale. Zinnseifen sind in den Gewässern vor Thailand, Malaysia und Indonesien, Rutilseifen an der Ostküste Australiens, Kalksande in der Umgebung der Korallenriffe der Fidschiinseln und Japans bekannt. Phosphorite liegen am Kontinentalabhang der Küste Kaliforniens in Wassertiefen von 60 bis 2700 m mit 20 bis 150 kg/m². Abbauwürdig gelten Vorkommen von 90000 bis 150000 t/km². Das Mn:Fe-Verhältnis bei den verschiedenen Manganknollenfeldern der Tiefsee wechselt von 1:1 bis über 2:1.

Stauseegrund aus Plast

Ein großes Bewässerungsprojekt wird derzeit im Süden des mittelasiatischen Teils der Sowjetunion in Angriff genommen. Es handelt sich um die Flutung des Tortgul-Stausees mit einem Fassungsvermögen von 90 Mill. m³ Wasser. Durch ihn und von hier aus sollen Bezirke in den drei Sowjetrepubliken Kirgisien, Tadshikistan und Usbekistan bewässert werden.

Um das Versickern des Wassers zu verhindern, wurden der Grund und die Seiten des mehrere hundert Hektar großen Stausees mit einer Polyäthylenfolie ausgelegt. Der Kunststoff wurde zuvor gegen den Verschleiß durch spezielle Zusätze stabilisiert. Die technische Leistung ist um so höher zu bewerten, als dieses Objekt das bisher größte dieser Art darstellt, nachdem ähnliche Arbeiten bislang nur an kleinen Staubecken und Kanalabschnitten ausgeführt worden waren.

Das Jahr 2000 im Blick sowjetischer Hochschulen

Die Hochschulen der UdSSR erfassen gegenwärtig 4,6 Millionen Studenten. Für die Studenten der technischen Hochschulen werden neue Fächer, wie „Automatisierte Systeme", „Mittel zur Übermittlung und Aufnahme von Informationen", „Automatisierung der Produktion" und „Verteilung von Kraftstrom", eingeführt.

Die Universitäten sowie die ökonomischen und technischen Hochschulen werden außerdem intensiver als bisher Fachleute in angewandter Mathematik und ökonomischer Kybernetik ausbilden. Die junge Generation erwirbt Kenntnisse auf den Gebieten: ökonomische Kybernetik in der Landwirtschaft, Suche und Erkundung von Bodenschätzen auf dem Meeresgrund sowie Dokumentation und Organisation der Verwaltungsarbeit. Hinzu kommen jene Disziplinen, die zwischen Physik und Materialkunde, Mathematik und Radioelektronik sowie Chemie und Biologie stehen.

Zwischen 1971 und 1975 werden zu den bisher bestehenden 805 Universitäten und Hochschulen in der UdSSR weitere Lehrstätten hinzukommen. Die Zahl der immatrikulierten Studenten wird bis Ende des neuen Planjahrfünfts um rund 11 Prozent steigen.

Kurznachrichten

Bisher sind durch die **Erdölleitung „Freundschaft"** über 150 Mill. t Erdöl in vier europäische sozialistische Länder geflossen. Ein Drittel entfiel auf die ČSSR. Die DDR erhielt 40 Mill. t. Etwa 60 Mill. t gingen in die VR Polen und die Ungarische VR.

Das **Erdölfeld Barsa-Geljmes** in der Nähe des großen Erdölfeldes Leninskoje in der **UdSSR** hat eine bedeutsame Entwicklung durchgemacht und fördert bereits 4 Mill. t/a. Der Speicher liegt in mittelpliozänen Bunten Schichten. Im weiteren Verfolg dieses Horizonts wurde die Lagerstätte Burun entdeckt, deren Fundbohrung 200 t/d eruptiv erbrachte.

Auf der Halbinsel Tas in der **UdSSR** wurde bei Iambur eine große **Erdgaslagerstätte** entdeckt. Die Testförderung ergab den Zufluß von 2,5 Mill. m³. Die ganze Halbinsel, die jenseits des Polarkreises liegt, wird als erdgashöffig bezeichnet.

Die **turkmenische Erdölförderung**, die gegenwärtig bei 14 Mill. t/a liegt, soll in naher Zukunft auf 45 Mill. t/a und die dortige Erdgasförderung auf 80 Mrd. m³/a gebracht werden. An der Grenze der Karakum- und der Kisylkumwüsten soll in der Turkmenischen SSR ein petrolchemisches Kombinat errichtet werden.

Nach einem dritten, bedeutungsvollen **Erdölfund** vor der Ebromündung in **Spanien** schätzen Fachkreise die Gesamtvorräte des Landes nunmehr auf 40 Mill. t Erdöl.

Etwa 80 km südlich **El-Alamein** wurde in einer Teufe von 2730 m **Erdöl** entdeckt, das an Reinheit das libysche Erdöl übertreffen soll. Das neuentdeckte Erdöl hat einen S-Gehalt von 0,38% und 40° API-Wichte.

Die **Erdölsuche** im Schelf der **indischen Westküste** war von Erfolg gekrönt. Im Golf von Cambay stieß die Belegschaft einer Plattform in 800 m Tiefe auf ölführende Schichten. Die gegenwärtige Erdölproduktion Indiens beträgt 6,5 Mill. t/a.

Die **VR Polen** errichtet entsprechend ihrem Fünfjahrplan in Blechatow ihr größtes **Braunkohlenkombinat**. Es beruht auf einer Förderung von 35,1 Mill. t/a. 1970 betrug die Gesamtförderung der Republik 33 Mill. t/a, 1985 soll sie 80 Mill. t/a erreichen.

In den **Niederlanden** soll ab 1975 keine **Kohle** mehr gefördert werden. Ende Januar 1971 waren nur noch fünf Zechen in Betrieb, die alle in der Provinz Limburg liegen. Die Gesamtjahresförderung betrug nicht ganz 5 Mill. t.

Die große **Braunkohlenlagerstätte** im Gebiet von Elbistan in der **Osttürkei** soll jetzt abgebaut werden. Nach türkischen Angaben werden voraussichtlich 5 Mill. t/a Braunkohle gefördert, die in Kraftwerken eingesetzt werden sollen.

Bei den am Mount Redcliffe (Queensland), **Australien**, vor kurzem entdeckten **Nickellagerstätten** wurden rd. 100 Mill. t Vorräte mit Ni-Gehalten von 0,13 bis 2,58% festgestellt. Für einen rentablen Grubenbetrieb müssen mindestens 40 Mill. t mit 1,3% Ni nachgewiesen werden.

Herausgeber: Prof. Dr. Karl Schmidt, Direktor des Zentralen Geologischen Instituts im Auftrag des Staatssekretariats für Geologie beim Ministerrat der Deutschen Demokratischen Republik. Für die kollektive Chefredaktion: Dr. K. Kauter (Redaktionssekretär), Berlin. Redaktion: 1054 Berlin, Kastanienallee 69 (Fernsprecher 2262080 und 2262081). Verlag: Akademie-Verlag GmbH, 108 Berlin, Leipziger Straße 3—4 (Fernsprecher 220441, Telex 0112020, Postscheckkonto: Berlin 35021). Bestellnummer des Heftes 1047/18/3. Alleinige Anzeigenannahme DEWAG-WERBUNG, 102 Berlin, Rosenthaler Str. 28—31, und alle DEWAG-Betriebe in den Bezirksstädten der DDR. Exportpreis: 6,— M, Sonderpreis für die DDR: 2,— M je Heft. — Satz und Druck: VEB Druckhaus „Maxim Gorki", 74 Altenburg. Veröffentlicht unter der Lizenznummer 1279 des Presseamtes beim Vorsitzenden des Ministerrates der Deutschen Demokratischen Republik. Kartengenehmigung: Nr. P 487/71.

FSC
www.fsc.org
MIX
Papier | Fördert gute Waldnutzung
FSC® C083411

Kolibri 360 GmbH
Ferdinand-Jühlke-Straße 7
99095 Erfurt, Deutschland
produktsicherheit@kolibri360.de